東西之味

王克平

编著

中西書局

图书在版编目（CIP）数据

东西之味 / 王克平编著. —上海：中西书局，
2023.8
ISBN 978-7-5475-2138-0

Ⅰ.①东… Ⅱ.①王… Ⅲ.①饮食-文化-世界
Ⅳ.① TS971.201

中国国家版本馆 CIP 数据核字 (2023) 第 143909 号

东西之味

王克平　编著

责任编辑　唐少波
装帧设计　梁业礼
责任印制　朱人杰

出版发行　上海世纪出版集团
　　　　　　中西书局（www.zxpress.com.cn）

地　　址　上海市闵行区号景路 159 弄 B 座（邮政编码：201101）
印　　刷　上海商务联西印刷有限公司
开　　本　700 毫米 × 1000 毫米　1/16
印　　张　11.25
字　　数　175 000
版　　次　2023 年 8 月第 1 版　2023 年 8 月第 1 次印刷
书　　号　ISBN 978-7-5475-2138-0/T・021
定　　价　78.00 元

本书如有质量问题，请与承印厂联系。电话：021-56044193

序

跨文化交际视域下的海派西餐

沈　勇

　　说来机缘巧合，上海职业教育专家、食文化专家王克平先生新作《东西之味》的 PDF 初稿，经过朋友辗转传到我手，打开一读，饶有趣味，因为这是一本叙述东西方交流的大背景下饮食文化变迁、交融的书籍，而餐饮业恰是我的本行。本著由饮食的源头谈起，从中国古代的伊尹、老子、孔子、孟子，到古希腊、古罗马的苏格拉底、柏拉图、亚里士多德、恺撒、屋大维，从东方的中国、印度、日本、韩国，到西方的法国、意大利、西班牙、英国乃至美利坚，上下几千年，纵横数万里，调和鼎鼐，大道存焉，饮食之中其实蕴含着"形而上学"。本书历史为经、地域为纬，以讲故事的方式娓娓道来，并恰到好处地插配一百多幅彩色图片，让人看得眼界大开。在我看来，我们新迎园集团作为上海嘉定地区的餐饮集团，本人和集团的其他几位"管家"以及普通员工，读读这本书都不无益处，能引发对自身发展的思考。

　　原来，王克平先生四十年前曾就读于在嘉定的原上海科技大学，他起初品尝价廉物美的咖啡、面包、沙拉之类，就在早先位于其校附近的城中路和清河路之交的佳露西餐社。这是王先生上一本书《嘉定之味》心心念念的所在，其对餐饮文化的研究兴趣大概发轫于此。听嘉定文旅局姚伟局长介绍，佳露西餐社当初是改革开放后上海郊县第一家西餐馆，原由嘉定和卢湾的服务合作公司创办，引入的是大名鼎鼎的"红房子"的烹饪资源，"佳露"乃"嘉""卢"之谐音。遗憾的是，佳露西餐社随着时代的变迁，已关门歇业好长时间。"何日君再来"，一要看嘉定今后的发展，二要看当地居民的喜好，三要看像王克平先生这样的饮食文化专家的传播引导，能否带动在嘉定这一隅之地，实现跨文化交际的海派西餐复苏。

西餐的跨文化交际其实存在两个层面的意思。一个层面的意思是西方诸国在总体文化上同宗同源，西方文化源于古希腊、古罗马文化和古希伯来文化，经过中世纪漫长的相互纠葛缠斗，直至 14 世纪的欧洲文艺复兴运动、16 世纪的宗教改革、17 世纪的科学革命和 18 世纪的思想启蒙运动以及 18 世纪的工业革命，逐渐趋于大致的融会认同。所谓西方国家，是指西方意识形态占主流的国家，并非地理上的概念。包括欧盟国家、北美、澳大利亚、新西兰，也包括东欧、拉丁美洲和以色列等地。传统观点认为，只要那些地区与国家的主体人群所承袭的是典型西方文化，那么其烹饪餐饮都是比较容易实现跨越的。真的是这样的吗？

西餐跨文化交际第二个层面的意思，如王克平先生在《东西之味》一书中指出，饮食具有十足的顽强性，文化跨越是一回事情，文化交际后被接受或被融合却是另一回事情。"西餐"这个词汇是中国人定义出来的，西方人自己并没有这个概念。中国人口中的"主流西餐"，其实是基于全球性的"盎格鲁－撒克逊认同"，有着强烈盎格鲁中心主义倾向的英美系人士情愿在饮食文明上选择与东方交融，也不情愿向其他西方非盎体系多看一眼。东方世界中的中日两国某些地区，即便历史上从来没有被殖民，也可以堂而皇之地引入西餐，以为西餐并非西方人所独有！由此本人想到，海派西餐可能存在时代性的跨文化交际，当初原上海科技大学的更名，是否永远"驱离"了酷爱佳露西餐社的以大学生为主体的食客？而佳露后期的改良，无论在就餐氛围上还是在菜式上都没有在嘉定镇上找到群体性的忠实粉丝，是否其经营不善的根本原因？本人一直忙于经营方面的俗务，对食文化的研究相对肤浅，但却乐于向大家推荐《东西之味》这本立足于文化、立足于情怀的餐饮图书，指导餐饮经营者开拓跨文化交际的大局面。

现在，西餐作为一个笼统的概念正逐渐趋于淡化，无关乎西方餐饮文化作为一个整体概念是否还将继续存在。《东西之味》中提到意大利菜虽被称为西餐之母，但英国人杰米·奥利弗在其十年前撰写的《来吃意大利》一书中，认为相对成熟的意大利菜只有 160 年左右的历史，这个时间和上海开埠的时间几乎一致，我们完全可以认为由上海人发明的海派西餐本身就是西餐的一个分支或一个流派，就像我们外滩的风光比较罗马风光、比较米兰风光也不遑多让。

王克平先生在《东西之味》一书中站在"跨文化"的角度上指出地方风味的形成并不对应原料本地化等特质。对餐饮起根本性作用的是悄然形成的地方风味。地方风味和语言与信仰一样（或许程度更甚），是文化的试金石。通过风味既可以形成认同，也可以带来分化。最近几年，嘉定地区正在飞速地变化。嘉定镇南门地区有上海大学嘉定校区（原上海科技大学）、韩天衡美术馆和紫藤公园等，艺术氛围突出，本人从经营者的角度认为嘉定今日的南门地区和未来的西门地区都可以不妨尝试配置一些社会性的西餐厅，可以是英美系西餐，也可以是法式西餐，更可以是海派西餐。

各式各样的融合菜、创意菜，混合着中式、西式甚至日韩式、中东式、

嘉定禧玥酒店一隅

3

印度式、东南亚式的食材、调料及烹饪手段，成为当下打破传统饮食文化边界、丰富百姓餐桌的潮流。我们新迎园集团下辖的嘉定禧玥酒店（原嘉定宾馆）、迎园饭店、餐饮公司等企业也将借着这本《东西之味》轻柔吹拂出的东风与西风，以更加自信、更加包容的心态去学习与吸纳，改进不同地域、不同文化所诞生出的饮食理念。

　　是为序。

2023 年 6 月

（作者系上海新迎园〔集团〕有限公司董事长）

目录 CONTENTS

序：跨文化交际视域下的海派西餐 ·························· 1

第一章　东西饮食文化溯源

1. 东西方国家不完全是地理上的概念 ················ 3

2. 西方文化一脉相承的是什么 ···················· 4

3. 西方人最初的饮食之道 ······················ 11

4. 美食的摇篮不在西方 ························ 16

5. 对西方文化源流的概括 ······················ 27

6. 古代东西方饮食水平比较 ···················· 28

7. 西方根本就没有什么古典美食 ·················· 34

8. 怎样理解西餐 ···························· 37

9. 什么是形而上学 ·························· 38

10. 君子谋道不谋食 ·························· 40

11. 圣人为腹不为目 ·························· 41

12. 烹饪的"修辞学" ························· 43

13. 透过现象看懂西餐的本质了吗 ················· 45

14. 饮食不仅仅在于吃喝 ······················ 46

15. 就餐气氛反映国民的整体个性 ················· 48

16. 有陋习就会受鄙视 ························ 49

17. 西餐礼仪是由谁最先倡导的 ·················· 50

18. 太阳王的另类伟大贡献 ·················· 53

19. 烹饪家的社会地位 ·················· 55

20. 西餐的形式意味 ·················· 57

21. 西餐的精髓和儒学的人本主义精神 ·················· 58

第二章　吃什么和怎么吃

1. 对公众最重要的事情 ·················· 63

2. 饮食是体现阶级差异性的指标 ·················· 63

3. 烹饪隐藏着某种暧昧的效果 ·················· 65

4. 圣人欲不欲 ·················· 66

5. 烹饪发明了什么 ·················· 67

6. 调味料起着根本性的作用 ·················· 72

7. 烹饪也应不忘初心 ·················· 74

8. 生食的文明性 ·················· 75

9. 仪式性饮食 ·················· 77

10. 烹饪是罪恶也是救赎 ·················· 78

11. 烹饪的极简主义与唯美主义——怀石料理 ·················· 83

12. 圣人被褐怀玉 ·················· 86

13. 如何调节过度和节俭这两个概念 ·················· 88

14. 当烹饪由苦役变为艺术 ·················· 90

15. 希波战争促成前所未有的东西方大融合 ·················· 91

16. 西方饮食对伊斯兰风格的吸收 ·················· 92

17. 文艺复兴运动奠定现代饮食基础 ·················· 95

18. 复古，去阿拉伯化 ·················· 105

19. 弃绝内在的野蛮，始于餐桌 ·················· 106

第三章　人类饮食的文化交融

1. 口味根本不是好吃与不好吃的问题 ····················111

2. 众口难调之下的调和 ·····························112

3. 家乡味道的非家乡 ·····························113

4. 依存于整体文化性的口味 ·······················117

5. 香肠"盛宴" ································118

6. 永不停歇的"英法战争" ·······················119

7. 百叶包、皮蛋、绿茶 ··························119

8. 文化饮食的障碍 ····························122

9. 移民二代的口味选择 ··························123

10. 全球化世界呼吁饮食的国际性跨越 ·················124

11. 西西里式 ·······························126

12. 战争促成食物国际化 ·························127

13. 口味因经济利益而改变 ·······················133

14. 牛奶在中国成为常见食物有多久 ·················135

15. 本帮名菜的"卑贱"出身 ······················136

16. 饮食的殖民化与逆殖民化 ·····················138

17. 咖喱属于英国，马萨拉属于印度 ·················147

18. 融合菜的典范 ····························148

19. 边疆菜 ·······························151

20. 流亡者创建的饮食风貌 ·······················155

后记·····································161

主要参考文献·······························168

第一章

东西饮食文化溯源

1 东西方国家不完全是地理上的概念

百度百科对西餐的定义是这样的："西餐，顾名思义是西方国家的餐食。西方国家，是相对于东亚而言的欧洲白人世界文化圈，西餐的准确称呼应为欧洲美食，或欧式餐饮。"

好个顾名思义！大家不妨去问一下法国、意大利、西班牙等欧洲诸国的人，看看有无认同百度百科这个定义的。

哪些算是西方国家、哪些算是西方人呢？

应该说既是地理上、民族上的，也是文化上的。

中国曾经怎样定义西方？欧洲大航海时期又曾经怎样定义东方（近东、中东、远东）？

中国人认为的西方国家，是指西方意识形态占主流的国家。虽然在不同的场合和不同的时间有着不同的定义，但一般而言，中国人认为的西方国家是指统治血统为白人的欧盟国家、美国、加拿大、澳大利亚和新西兰等，有时也包括东欧、拉丁美洲及土耳其和以色列，因为这些国家和地区的文化一脉相承。

东西方国家不完全是地理上的概念，而且是文化认同的概念！

如果连西方国家和西方文化也定义不清楚，又如何能定义所谓的西餐呢？

笔者曾经审读过上海市一所国家重点职校的一本法餐教材。教材上说西餐是明清时期欧美传教士带进来的，发生在 17 世纪中叶、辛亥革命之前云云……众所周知，欧美的"美"指的是北美地区国家，包括美国、加拿大，中国明朝时有美国吗？而 17 世纪中叶的 1644 年满清刚入关定都北京，难道马上就要爆发辛亥革命了吗？

意大利菜被称为西餐之母。近期笔者

恺撒沙拉

读了英国人杰米·奥利弗写的《来吃意大利》一书。按照书中的说法，相对成熟的意大利菜迄今只有 160 年左右的历史。

沪上一位"烹饪专家"曾指出笔者所述西餐历史的"谬误"，说什么恺撒沙拉就是恺撒大帝的发明。恺撒（Gaius Julius Caesar，前 100—前 44）是公元前 1 世纪的人物，那时候连最基础的西式调味酱汁都没有，请问哪里来的沙拉？强不知为知，真让人啼笑皆非。

2 西方文化一脉相承的是什么

不管从事什么职业，一般人总是想出人头地，名利双收，这是人之常情。学习烹饪专业技能，如果只学习把菜做好，而文化素养缺乏，是不是也能出人头地，是不是也能够取得巨大成就？答案是否定的。笔者就以目前国内的情况举一个例子：比如上海市人社局授衔上海西餐技能大师，依据是什么？仅仅是做菜

头戴月桂冠的恺撒雕像（卢浮宫藏）

做得好吗？如果单挑做菜做得好，上海这样的好厨师一抓一大把。大家想一想，政府机构会把西餐技能大师这个头衔给什么样的人？是给仅仅做菜做得好的人吗？应该不会。政府比较容易看到一直从事西餐教学图书编写的厨师，哪怕这位厨师早已在实际工作中脱离了厨师岗位。出版西餐教学图书和单纯地做菜对社会的贡献是不一样的，传播量也是不一样的，哪个对社会的贡献更大、影响更大，人社局就授衔技能大师给哪个，有什么问题吗？

编写教材这类事情，没有文化可以吗？没有文化，学了再多做菜的本事也是做不到的。所以任何职业技能一定是避免不了文化的。就如同讲西

餐历史的话，是避免不了整个人类文化史的。只有在熟悉大格局的情况下才能透彻了解细微之处。如果对大格局没有概念的话，西餐烹饪文化根本就无从说起了。

大家应该都知道世界四大文明古国——古巴比伦、古埃及、古印度和中国。为什么不说古中国？因为我们中华文明是一脉相承的，中间没有断裂过。古印度和现在的印度不是一回事情，古埃及和现在的埃及也不是一回事情。古巴比伦的中心位置在哪里？在巴格达；巴格达在哪个国家，在伊拉克——伊拉克首都是巴格达。笔者幼年时经常翻阅长辈保存的中小学教材，记得1950年代的中学语文书中有一篇这样的课文，课文的第一句话是：底格里斯河、幼发拉底河——人类文明的起源。底格里斯河和幼发拉底河的交汇点，就是巴格达。

巴格达一瞥（〔美〕吉姆·戈登摄，源自维基百科4.0）

如果说世界有五大文明古国、需要再加上一个的话，就是古希腊。古罗马是在古希腊之后的，古罗马的文化和古希腊一脉相承。追本溯源，西方究竟该怎么定义？前面说到的四大文明古国，大家都不认可其中哪一个可以代表西方吧？如果要考虑西方文明，就要说五大文明古国，即加上古希腊。所有的西方文明，是从古希腊往下一脉相承的，当然会结合其他东西，比如说，宗教，而西方的主流宗教并不来自西方。

西方最主要的宗教是什么？是基督教。耶稣基督是哪里人？耶稣是犹太人。不过，西方主流社会不会认为犹太人是西方人。犹太人最早是从哪里来的？犹太人最早在中东地区，后来逃难到埃及被古埃及人奴役，被当作奴隶对待。是摩西（约公元前13世纪时犹太人的民族领袖）率领所有被奴役的犹太人逃出埃及、迁回迦南（今巴勒斯坦、叙利亚和黎巴嫩沿海地区，这个著名的典故叫《出埃及记》），最后到了耶路撒冷，然后认准这块地方是他们的归宿。耶稣出生在离耶路撒冷以南8千米的犹太伯利恒，而耶路撒冷被犹太教、基督教和伊斯兰教都称为圣城。所以，西方最主要的宗教基督教，并不是西方自身发端的。基督教是一神教，圣父、圣子、圣灵三位一体。而古希腊文明是多神教。古希腊的宗教，才是西方相对古老、相对传统的宗教，和后来西方主流社会所信奉的基督教是不一样的。在古希腊宗教里面，众神之王是宙斯，他下面还有很多个神，比如太阳神阿波罗、战神雅典娜、爱神维纳斯，等等。

耶路撒冷古城模型

笔者在继续这个话题之前，想把之前提到的西餐厨师有没有文化的问题再讲透一点。即使你今后从事的是烹饪行业，但是没有文化的话，你不仅成不了"家"，而且也成不了名，对你个人的发展来讲，不怎么有利。你只能在酒店里打杂，成不了气候。也许你会说我们讲西餐仅仅讲怎么做菜就可以了，和其他东西没有关系，那么送八个字给大家：外师造化，中得心源。

　　这八个字是来自中国画的画论。有人肯定会想，我以后只要用心做好菜就可以了。这是不对的！因为你的心是什么，就会成就一道什么样的菜。那么心怎么来呢？就只能靠外师造化，然后才能中得心源，必须通过其他东西，甚至通过其他艺术门类。你要懂得绘画，懂得音乐，触类旁通，才能悟到如何把菜做好。艺术上有个词，叫通感。就说有些人，比如说笔者自己，以前中学、大学的时候喜欢写诗歌，写作的时候旁边放着音乐。音乐能让我有所感悟。照常理，音乐和我写的文字是完全没有关系的。不对。这里就有通感，电影术语里叫蒙太奇。蒙太奇是指镜头的切换。比如说，电影中的一个英雄人物马上要牺牲了，然后镜头中却出现松柏山峦，出现天空云彩，乃至大江大海，乍一看似乎不知所以，但其实是与这个英雄人物的牺牲密切相关的。这个就叫通感，类似"外师造化，中得心源"。要明白，大家所学的烹饪其本质上是一门艺术，不是一门职业。职业仅仅是谋生的一种手段而已。

　　在中国的老百姓眼中，厨师的地位是比较低的。用上海话说是叫大师傅。大师就是把"傅"字不要了，对吧？其实也还是大师傅的意思。但在法国人的心目中，厨师和艺术家的等级是平级的，厨师就是艺术家。萨珊王朝时期，古波斯的厨师相当于什么呢？厨师的地位等同于现在的科学家。厨师会把各种香草、调味料和其他东西结合起来，然后像搞化学研究一样，把味道做到好吃。所以，在古波斯的时候，厨师就像科学家，基本上都在开发调味料。只有在中国，厨师的地位很低。大家都不认为厨师从事的是高级劳动，这和中餐的做法等因素有关系。今后会有所改变吗？如果仅仅是做菜，仅仅只为少量客人提供服务的话，那么厨师的社会地位肯定是不会改变的，甚至会反过来向餐厅服务人员靠拢。因为随着食品工业的发展，大量的东西需要量产，机器会替代人。现在我们看到的那个小美烹饪机，它就很能够做菜，会根据用户的要求、用户的设定，轻松把菜做成。那么还需要厨师干吗呢？如果学的仅仅是做菜，做的又是普通菜，可能就真不需要厨师了。但可以当开发厨师，比如说小美烹饪机，它在产品设计阶段是需要食谱的。那么，这个食谱就要由厨师来设计。在设计过程中，是不是要因地制宜地综合人们的口味、习惯、风俗等，这些是不是文化？专业厨师还有可能和各大国际食品机构去合作。比如说，客户委托你来为某种原料或者香料、调料来开发适合本地市场、适合本地文化的菜品，那么这些开发，需不需要你对文化有极强的认知？你如果没有文化，可能在开发上啥都做不了，连一个菜的食谱都不会写，甚至连菜名也会写错。

再举一个例子，举一个实际的菜名。双证融通西餐教材中的《汤与少司制作》里面有一道菜，名称是教皇牛清汤（法式清汤）。笔者对这个名称有疑问，通过了解得知，教皇牛清汤其实就是法式清汤（Consommé）。如

教皇牛清汤（法式清汤）

果在法国的话，点一道清汤，最著名的就是法式清汤。为什么叫教皇牛清汤呢？笔者查不到，不知道这道菜在国内为啥叫教皇牛清汤。那么教皇是谁，教皇在哪里？大家是有必要了解一点来龙去脉的。信奉耶稣的有天主教、东正教、新教以及一些较小教派；全世界拥有最多教徒的是天主教。天主教的教宗（也称教皇）最早是需要得到罗马帝国皇帝许可的。罗马帝国没

有了，但教皇一直都在。教皇住在意大利罗马，但他不一定是意大利人。教皇的所在地梵蒂冈在罗马城里面，如今是一个城中之国。现任（第266任）教皇为方济各，于2013年3月13日当选，是意大利裔阿根廷人，也是继额我略三世后1282年以来第二位非欧洲出身的教宗。

笔者从一位法国留学生那里了解到"教皇牛清汤"名称来历的一些蛛丝马迹。他说，教皇牛清汤的法语名称是Consommé Célestine（塞莱斯汀），可见这道清汤的命名与一位名叫塞莱斯汀的女性有关。而法式西餐界公认的

厨艺泰斗保罗·博古斯，他的外曾祖母叫塞莱斯汀·鲁斯洛-布朗夏尔，是 19 世纪法国里昂一位名厨的妻子。里昂有不少名菜都是以 Célestine 命名的。至于 Consommé Célestine 是不是由博古斯的外曾祖父母发明的，目前尚无任何考据。法国人称博古斯为"世纪之厨""美食教皇"，那么"教皇牛

罗马 1630 年时的圣伯多禄大殿广场（〔意〕维维亚·诺科达齐绘）

清汤"这个译名是否真和博古斯家族之间存在着某种联系？令人浮想联翩。

　　意大利罗马城，和古罗马不是一回事情。古罗马是一个大概念，是一个很大的地域，包括埃及、叙利亚等都是古罗马的行省。讲到这里，正好可以交代一下罗马文化和希伯来文化之间的关系。耶稣是基督教的中心人物，他也被称为拿撒勒的耶稣，或耶稣基督。耶稣大约是在公元 33 年被钉死的，当时罗马帝国的皇帝是奥古斯都（Augustus，原名屋大维，前 27—14 年在位）的继承者提比略（Tiberius，14—37 年在位）。提比略派驻犹太行省的总督叫彼拉多（Pontius Pilatus），就是他批准把耶稣钉死的。然后，耶稣的弟子圣保罗和圣彼得等继承耶稣的衣钵，把基督精神传播到了罗马。西方人不会认为耶稣是被罗马杀害的，他们主张耶稣是被犹太教教徒杀害的，总督彼拉多是受了犹太人的蒙蔽。

　　当基督教在罗马帝国传播时，正好遇上了一个极其荒唐的皇帝当政，这个皇帝名叫尼禄（Nero，54—68 年在位），以残暴和血腥而著称，正是他对刚刚传入罗马帝国的基督教大开杀戒。按照基督教的信仰，耶稣的血和肉变成酒和饼，所以在领圣餐时，信徒们喝一口葡萄酒，把一小片无酵饼

放在嘴里含化，就表示耶稣基督的圣灵进入了信徒们的身体。这本是基督教会里的一种普通仪式，信徒们都会严格地遵循。但是这种仪式对于那些不了解基督教信仰的罗马人来说，就是一种奇怪的举止，他们甚至以讹传讹，把基督徒说成是一批吃人肉、喝人血的野蛮人。此外，基督徒们半夜三更或者黎明时分男男女女聚在一起进行祈祷活动，这在罗马人看来也是有伤风化的。在罗马社会，女人是不能登大雅之堂的，而基督教主张男女平等，所以罗马人就觉得这种宗教非常诡异。公元 64 年，荒淫无道的暴君尼禄为了修建一座新宫殿，派人在拥挤不堪的罗马城里放了一把火，以便烧出一片空地来盖宫殿。结果这把火失控了，把罗马城的十四个街区烧毁了七个。尼禄为了逃避责任，就把放火的责任归咎到基督徒身上，让基督徒成为罗马纵火案的替罪羊。于是从那时开始，罗马帝国开始对基督徒进行大规模的迫害活动，直到公元 313 年君士坦丁大帝（Constantine I The Great，306—337 年在位）颁布《米兰敕令》宣布基督教为合法宗教，这中间整整经历近 250 年。与当时罗马人的暴戾和堕落状况相比，基督徒们在信仰和道德方面表现出一种极高的精神境界，从而感动了越来越多的罗马人。基督教最初是在弱势群体中间传播的，但是它的道德主义和崇高精神很快就感召了罗马中上层社会的一些有良知的人们。他们感觉到在这个堕落的罗马世界中，如果还有人保持着崇高的道德和真诚的信仰，这些人就是基督徒了，所以罗马中上层社会开始逐渐改变了对基督教的态度。

位于英国约克大教堂广场的君士坦丁一世塑像
（〔英〕查尔斯·德雷丘摄，源自维基百科1.0）

由此可见，西方文化源于古代希腊、罗马文化和希伯来文化，然后经过漫长的中世纪一脉相承下来，直至 15 世纪的欧洲文艺复兴运动、16 世纪的宗教改革、17 世纪的科学革命和 18 世纪的启蒙运动以及 18 世纪末 19 世纪的工业革命，而日趋完善成熟。

3 西方人最初的饮食之道

按照古希腊哲学家的教导，人们应该在尚未饱腹时就停止进食，并在面对丰盛的食物时保持饥饿感。古希腊人把自己描绘成朴素、正直、有道德的民族，所以他们"追求简单的味道"。在他们的观点中，过度饮食是会带来祸患的。苏格拉底、柏拉图、亚里士多德等哲学家都对这件事提出过自己的看法，他们都认为吃饭喝酒是一种例行之事，不能因为沉迷于酒食而耽误了日常的生活和工作。食物只是人类赖以为生的物质，超越所需便是奢华。奢华会引发激情，从而导致道德沦丧。古典时期的文学，如《荷马史诗》，虽然经常提及食物，但并不直接描绘食物和饮食带来的享受，更不用说有分析菜肴制作或食谱的只言片语了。

柏拉图在《理想国》第二卷中记述了苏格拉底眼中的合理食物。苏格拉底在与柏拉图的堂弟格劳孔讨论何为正义的生活时，向其描述了一个城邦社会应该遵循的饮食规范："（人们）用大麦片、小麦粉当粮食，煮粥，做成糕点，烙成薄饼，放在苇叶或者干净的叶子上。他们斜躺在铺着紫杉和桃金娘叶子的小床上，跟儿女们欢宴畅饮，头戴花冠，高唱颂神的赞美诗。"格劳孔插嘴问道："不要别的东西了吗？好像宴会上连一点儿调味品也不要了。"苏格拉底回答："会有调味品的，当然要有盐、橄榄、乳酪，还有乡间常煮吃的洋葱、蔬菜。我们还会给他们甜食——无花果、鹰嘴豆、豌豆，还会让他们在火上烤爱神木果、橡子吃，适可而止地喝上一点酒。"格劳孔说："还要一些能使生活稍微舒服一点的东西。"苏格拉底反问道："还要调味品、香料、香水、歌伎、蜜饯、糕饼——诸如此类的东西。我们开头所讲的那些必需的东西：房屋、衣服、鞋子，是不够了；我们还得花时间去绘画、刺绣，想方设法寻找金子、象牙以及种种诸如此类的装饰品，是不是？"格劳孔回答："是的。"苏格拉底说："（不但需要猪肉）还需

《雅典学派》壁画局部：柏拉图手指向天，而亚里士多德则手掌朝地（〔意〕拉斐尔绘于
1509—1511 年）

要大量别的牲畜作为肉食品。你说对不对?"格劳孔回答:"对的。"苏格拉底据此预想了对生活的无尽渴望会增加许多无用的职位,将导致城邦扩张,并最终不可避免地引发战争和社会的不公平。古希腊哲学家试图说服民众,丰富的食物对人体是反自然的,还坚称人类的消化系统无法消化种类繁多的食物。他们宣扬简单的、只有一种主食的饮食,认为迎合肉体需求有损名士尊严,不厌其烦地强调丰盛饮食的危害、奢华饮宴的不道德等。(参见〔古希腊〕柏拉图《理想国》,商务印书馆 2020 年版,第 63—82 页)

希腊的古代说教者明白食物和性对于个人及社会的存续都是必不可少的,但仍须谨慎对待食欲和性欲,因为放纵这两种欲望会使人堕落。在古希腊,受哲学及医学观念影响,如果某个人想要被视为平衡、自律、正直、严谨的人,就应致力于提升自己的思维。除保持健康需求外,应尽少关注与身体有关的事务。但文学作品中的古希腊人,能够在饮食中落实"节制"之美德,也能够利用饮食展现他们对生命的态度,以及对众神的讴歌。

今天,地中海饮食被认为是最健康的传统饮食形态之一,具有抗发炎、保护心血管及维持体重的作用。通过考古研究,人们惊讶地发现,数千年前古希腊人的饮食,跟今天的地中海饮食相当类似,可说是地中海饮食的源头。

古希腊人将蜂蜜称为"众神的食物"。蜂蜜除了食用外,也有药用的功能,古希腊人使用它来治疗胃溃疡、咳嗽、喉咙痛和耳疾等。蜂蜜甜美的风味与健康益处,让毕达哥拉斯把它誉为"长寿灵药",也让普通希腊人将其奉为"众神的食物"。在古希腊,贵族间已拥有专业的养蜂人,专门从事蜂房照料与生产蜂蜜。亚里士多德在其自然学著作中,对蜜蜂采蜜的行为也有丰富的描述。

葡萄酒是古地中海地区最受欢迎的饮料。在希腊神话中,葡萄酒是狄俄尼索斯(罗马神话称巴克科斯)发明的,他因此成为酒神。酒神庆典时的戏剧比赛,也催生了许多隽永的希腊悲剧。葡萄酒在古希腊人的饮食中非常重要,通常他们每日都会饮酒。然而,直接饮酒被认为是一种野蛮的行为,他们会将酒掺水再饮用,充分反映了古希腊文明中的"节制"精神。根据雅典政治家欧布洛斯的记载,为维持节制的美德,希腊人在宴饮时,

酒神狄俄尼索斯

饮酒以三碗为宜。第一碗令人健康，第二碗让人获得爱和快乐，第三碗令人拥有好的睡眠。

对古希腊人来说，肉是节庆或喜庆日子的食品，这点也与今日的地中海饮食相同。根据著名的希腊经典《荷马史诗》的描述，希腊英雄们似乎总在大块吃肉，当然这点并不奇怪，因为英雄们在格斗中的体能消耗极大，需要得到及时补充。但实际上，在古希腊时代，人们在日常生活中无法经常吃到肉，各种肉类只有在节庆或特定日子才会被食用。

在古希腊人的餐桌上，海鲜是较常见的动物性蛋白质。希腊城邦多半临海而立，使得各种鱼类食材，例如黄鳍金枪鱼、鲱鱼、鲈鱼和石斑鱼等，都很容易被制成盐腌鱼。其中，鲱鱼在古代是很容易获取的便宜鱼类。此外古希腊人也会食用乌贼、章鱼、墨鱼和明虾等美味的海鲜。

对古希腊人来说，面包是一整天能量的主要来源。古希腊人一天主要吃早、晚两餐，午餐只是简单的点心。他们早餐常吃大麦面包蘸葡萄酒，加上一些无花果或橄榄。富有的人家，可能会吃一种由小麦粉、橄榄油、蜂蜜和奶油制成的煎饼。晚餐则是他们饮食中的重头戏，这时候各种海鲜、豆类、芝士、蔬果以及面包都可能跃上餐桌，以增加饮食中的营养成分。新鲜蔬菜并不便宜，穷人大多只能吃干蔬菜或者橡果。当时常见的蔬菜，主要有萝卜、萝蔓、莴苣、水芹和芝麻菜。而蔬菜的食用方式，多是直接煮熟、炖汤或是捣成泥状。烹调蔬菜所使用的调味料则有橄榄油、醋、香草和用鱼做成的酱汁。流行的香草种类很多，主要有香菜、莳萝、薄荷、牛至、番红花和麝香草等。

水果在古希腊的饮食文化中占有重要的地位。许多种类的水果，例如橄榄、无花果、葡萄、李子、苹果和木瓜等，都是古希腊人生活中经常食用的。希腊人往往在山谷里种植物，并在山坡上种橄榄和葡萄。腌渍的橄榄是当时重要的开胃菜，橄榄油也常用于烹饪大部分的菜肴。时至今日，橄榄油仍是地中海地区最具代表性的油品。在公元 3 世纪初，历史学家阿忒纳乌斯在著作《智者之宴》中，描述了一种用无花果和蚕豆制成的甜点。而无花果除了可以做成甜点食用外，干燥后还可被当成开胃菜或佐酒的点心。

人们相信，掌管粮食、生命和母性之爱的是农业女神得墨忒耳，她给予大地生机，教授人类耕种。当时，希腊各地都有纪念她的节庆，在庆典里，人们会向得墨忒耳献上公牛、母牛、猪、水果、蜂巢、果树等，感谢大地的繁荣昌盛。

得墨忒耳（〔英〕伊芙琳·德·摩根绘于 1906 年）

4 美食的摇篮不在西方

在人类文明"轴心时期"（公元前 8 世纪至公元之交的数百年间）的先哲中，也许只有中国的孔子是讲究美食的，即所谓"饮食男女，人之大欲存焉"。孔子理解人性是强调饮食的，人活着不仅要吃东西，而且要吃好东西。笔者发现，这一时期的其他思想家释迦牟尼、苏格拉底、耶稣似乎都没有提到美食。释迦牟尼认为饮食是"饮苦食毒"，苏格拉底说吃是为了活着，耶稣则非常重视禁食。可见，将人类需要美食最早上升到理论高度的是中国的孔子，至于另一个美食大国古波斯，他们最伟大的古代思想家是祆教创始人琐罗亚斯德（也就是尼采所讲的"查拉图斯特拉"），好像也没有任何饮食观传递给我们。

（1）伟大的希腊

人类观点的形成，与地方气候、生活环境有很大关系。雅典位于巴尔干半岛南端，处在地中海气候带和高山气候带的交界点，气候温和，属典型的地中海气候。冬季温暖潮湿，夏季少雨，阳光充足。雅典是以智慧与正义战争女神雅典娜的名字命名的。雅典有 3400 年的历史。古雅典是一个强大的城邦，是驰名世界的文化古城。而希腊是西方文明的摇篮，因此雅典也被看作西方民主的起源地，其文化和政治上的成就对欧洲尤其对古罗马产生了重大影响。另外，雅典还是古希腊和外部世界之间的贸易中途站，在当时不如说是欧洲文明世界的贸易中心。雅典在公元前 4 世纪时（也就是苏格拉底所生活的年代）累积

从奥林匹亚宙斯神殿望向雅典卫城（Mountain 摄，源自维基百科 1.0）

的财富，有近一半来自贸易。

地中海气候非常温和，生活在那里的人们所崇尚的东西与苦寒之地所崇尚的东西完全不一样。在体感舒适的情况下，如果海洋又非常好，风景又非常美，人是不太会想到吃东西的，更不会暴饮暴食。所以当时的希腊人不太崇尚美食，也没时间去研究怎么样把菜肴做得好吃，觉得吃饱就行；即便举办宴会，通常主人也只提供酒和主食这两样东西。不太崇尚美食，那么崇尚什么东西呢？崇尚竞技。现在每 4 年一届的奥林匹克运动会，就是古希腊人的发明。奥林匹亚城位于希

现代奥运在赫拉神庙前点燃圣火始于 1928 年

腊半岛西部，距雅典 370 千米。古时候，希腊人把体育竞赛看作是祭祀奥林匹斯山众神的一种节日活动。公元前 776 年，希腊人在奥林匹亚村举行了人类历史上最早的运动会。为纪念奥林匹亚运动会，1896 年雅典举行了第一届现代奥林匹克运动会，以后每 4 年举行一次。

古希腊人不崇尚美食。中国有个成语，叫"锦衣玉食"，不讲究玉食的人，也不讲究穿衣。古希腊所有人几乎穿一模一样的衣服，全是白色的，一件白色的袍子披在身上，上面没有颜色，差别在于干净或不干净。里面没有内衣。人们比赛漂亮，不比穿着打扮，只比胴体、身材健不健美。所以在大量雕塑、绘画作品中，我们看到的都是古希腊人健美的身体，那是硬实力的比拼，没有分毫矫揉造作的东西。说起财富，大多数积聚财富的人都有显摆的愿望，古希腊人也并不例外。但他们的占有欲和表现方式有所不同，对奇珍异宝不太追求，觉得这个东西应该属于公众，放在家里还是一个累赘。那么怎么样才能显摆自己的财富呢？是比谁家奴隶多。奴隶多，便意味着富裕，说明主人属于社会地位较高的贵族阶层。不强调好吃，不强调好玩，豪宅也是不强调的，这就是雅典人的生活。

（2）璀璨的罗马

古希腊之后，就是古罗马文明。古罗马文明通常指从公元前9世纪初至公元476年在意大利半岛中部存在的文明。历罗马王政时代、罗马共和国时代，于公元1世纪前后扩张成为横跨欧洲、亚洲、非洲的庞大罗马帝国。到395年，罗马帝国分裂为东西两部。西罗马帝国亡于476年。东罗马帝国（即拜占庭帝国）变为封建制国家，逐渐希腊化，1453年为奥斯曼帝国所灭。古罗马文明被视为西方文明的重要起源之一。要想了解古罗马是一段怎样的文明，或者说要想"透视"古罗马文明，可以从以下五个角度切入。

第一，古罗马文明具有浓郁的传奇色彩。罗马人把罗马城的建立归功于传说中的孪生兄弟罗慕路斯（Romulus）和勒穆斯（Remus）。他俩是战

罗慕路斯和勒穆斯神坛浮雕（罗马玛西摩宫藏）

神马尔斯之子，被遗弃而得母狼哺乳，并由牧人抚养长大，在台伯河畔建了一座城市（前753年），后兄弟不和，前者杀后者，遂以己名命城为罗马（Roma）。可以说，古罗马文明充满着神奇与魔幻的调性。

第二，古罗马文明具有很强的包容性。在古罗马对外惨烈、持久的征战中，罗马人对异族文化表现出极大的包容性。布匿战争后，年轻的罗马人对希腊人怀着一种赞慕的心情。他们学习希腊语，他们模仿希腊的建筑，他们雇用希腊的雕刻家。罗马有许多神也被等同为希腊的神。当与希腊人初步接触后，罗马人就觉察到自己比较野蛮、粗鲁。统治者把希腊大师请来或不惜渡海远道去求教，希腊战俘、人质中的文化人成为罗马统治者的顾问和老师，并在罗马主持讲坛。许多统治者和高官都师从希腊奴隶和家庭教师，因为他们认为希腊语更优美，表达力更强。帝国建立后，希腊人的建筑艺术、雕塑、绘画、圆形剧场在罗马迅速蔓延传播开来。

第三，古罗马文明具有独特性。罗马人对大量吸收的异族文化不断进行改造，并发扬光大，使之更具本民族的色彩，其中最为突出的就是角斗和洗浴。洗浴是罗马人一项非常重要的公共娱乐活动。他们发展了希腊人的洗浴习尚，把洗浴看成欢宴人生的一种方式。在帝国时期，洗浴已成为上层社会必备的享受。

罗马圆形剧场

第四，在古罗马文明中宗教的影响举足轻重。随着罗马不断地扩张和对其他民族及其习俗的兼容，其他民族的神祇逐渐走入罗马人的宗教世界。帝国时期，基督教（公元 1 世纪）开始发展，教义倡导平等博爱、相互扶持，吸引大批社会底层的人民和奴隶信仰。由于拒绝接纳罗马信奉的诸神明、不愿将罗马在世的皇帝视为神明，基督徒受到罗马政府的打压与迫害。随着罗马帝国国势走向下坡，内部与外部危机的出现，不少上流社会的贵族亦改信基督。公元 313 年，君士坦丁颁布《米兰敕令》，基督教得到合法地位。狄奥多西一世（Theodosius I）在 393 年颁下诏令，宣布基督教为罗马帝国的国教。可以说，古罗马文明是一个由宗教作为主导层面的不完全世俗文明。在这个疆域辽阔的帝国世界，宗教长期在政治、文化和社会生活中发挥着作用。

第五，古罗马文明具有明显的地域特征。古罗马文明是逐渐融合在一起的文明，而不是消除一切差别的文明。在罗马帝国经济繁荣时期，埃及和北非一带改善了灌溉系统，扩大了耕地面积，每年以大量小麦供应罗马，代替西西里成为帝国粮仓；高卢和西班牙都培植了葡萄和橄榄，高卢还最先使用割谷器；爱琴海诸岛的葡萄、橄榄及其他作物的栽培得到恢复；高卢南部和莱茵河沿岸兴起了金属、纺织、陶瓷和玻璃等行业，产品行销中欧、不列颠和西班牙；东地中海沿岸享有盛誉的腓尼基的染料和玻璃，以及埃及的麻纱、小亚细亚的纺织品均畅销于罗马上层社会；西班牙的铅、锡、银矿，高卢的铁矿，不列颠的铁和铅矿等，使西欧的采矿业更加发达，为金属制造业的发展提供了条件。帝国的每一个地区都以其具有明显地域特色的产品，维持着整个帝国社会的正常运转。

总结来说，古罗马文明是具有浓郁的传说色彩和很强的包容性、独特性、地域性，深受宗教影响的一种文明，是欧洲文明的滥觞。

罗马人讲求实用主义，加之他们好学，这使得他们不仅构建了伟大帝国，而且维持了几百年。他们的葡萄种植和葡萄酒酿造技术可能师从邻近的伊特鲁里亚（约今托斯卡纳区域）或希腊，但罗马人却是为葡萄酒文化的发展和传播出力最多的民族。他们使葡萄种植变成一种科学。

罗马人常怀念早期的"简单生活"，当时他们还没有厨师和面包师，家里的妇女用自种的谷物做粥，养活一家人。没人清楚理想中的简单生活终结的时间和原因。可以肯定的是，从西西里涌入罗马的希腊厨师以及与东方的接触，终究让罗马人结束了"简单生活"，构建了这个伟大帝国的世界级饮食。

罗马的诗歌、演讲、历史文献、传记和医学文献，常提及食物，但却鲜有客观描述饮食口味的。多数作家通过饮食来影射人物，其写作心态是扭曲的。在以朴素和控制食欲为道德标准的哲学背景下，正直的人通常被描述成在饮食方面十分节俭，而反派人物则会沉溺于分量惊人的异域食物。

未曾有人对罗马帝国的食物消耗进行过调查，然而仍有大量证据显示当时真实的饮食图景。罗马帝国的统治阶级拥有充足的食物供应。罗马人最爱的肉类是猪肉，

梵蒂冈教皇宫内《君士坦丁的洗礼》壁画（〔意〕拉斐尔初稿、吉昂弗朗斯科·班尼完成）

古罗马作家老普林尼（Gaius Plinius Secundus，23—79）在其《自然史》中写道："没有哪种肉的味道比猪肉更为多变：猪肉有 50 种味道，其他肉类只有一种。"除猪肉之外，城里人也很喜爱牛羊肉。肉食是大多数人饮食中的重点。

维纳科佩尔（Vinakoper）酒窖位于斯洛文尼亚沿海地区，有上千年的酒类研究和葡萄栽培传统

　　罗马人与其他地中海民族一样，深刻了解热情待客与共生关系在社会凝结中所起的巨大作用。庞贝人在绘制雕刻画时恰如其分地留下一句话："我不与之共食者，于我为野蛮人！"共同饮食意味着友谊、接纳和联系。公共宴会与亲朋密友间小聚的差异已十分明显。

　　对于罗马人而言，晚餐是一天中最重要的一餐；早餐和午餐则无足轻重，一般用简单或方便的食品应付了事，也不会邀人同食。晚餐是人们享受食物和互相陪伴的主要场合，拉丁语称为 convivium，原意为"欢宴"。他们自觉地与希腊人区别开，希腊人的主要社交活动为酒会，意为"会饮"。其间差异十分显著：罗马妇女与丈夫一同赴宴，而希腊男人畅饮时却不希望妻子在场。罗马人与希腊人一样酷爱葡萄酒，但他们通常以酒配菜。他们对宗教反对醉酒的说辞嗤之以鼻。

　　无论是亲朋好友聚会，还是正式的大规模宴请，赴宴者通常都会先沐浴更衣。很久以前，他们就从伊特鲁里亚人和希腊人那里学会了在餐桌前优雅倚靠长椅的姿势。这一习惯要求左臂斜倚在餐椅扶手上，右手自由取用食物与葡萄酒。食物在上桌前已被切成了可直接食用的小块，用手直接取食即可。

　　无论是简单还是繁复的晚餐都至少由三道菜组成：首先是前菜或开胃菜或头道菜，然后是二道菜或主菜，最后是甜品。每一道程序中都或多或少有几款菜肴呈上餐桌，用餐者可根据各自喜好进行选择，这就是"自助式"晚餐。面包是头两道菜的佐食，摆在餐盘中，其上堆放肉和鱼，面包可代替勺子取用汤汁或酱汁。

要想理解并欣赏罗马人饮食的味道与香气、食材与烹饪方法，我们应求助于烹饪书。古罗马的烹饪书虽然种类繁多，可惜拉丁文学的传承者认为这类书籍不值得抄写，因此只留下一本食谱，即阿皮基乌斯（Apicius）的《论烹饪》。阿皮基乌斯是一位生活在提比略统治时期的著名美食家，其所著的烹饪书从各处收集了 500 种食谱，既有家常菜，又有轻奢的宴席菜。

学者对于此书反映出的饮食特色，观点迥异。有些学者读罢此书，认为罗马人的美食是"毁灭性"的，认为他们的饮食偏好畸形且夸张，与现代文明格格不入。另一种观点则比较宽容，他们认为这只是贵族奢华的体现，因为食谱涉及大量昂贵的食材。此外，某些有烹饪经验的人尝试重现这些古代食谱，他们认为这些食谱"实用，烹制出的食物优质而美味"。各派无法达成共识的原因很多，其中最恼人的原因是阿皮基乌斯或多数食谱的创作者并未明示各种食材的用量，或添加食材的先后顺序，并缺乏包括时长在内的烹饪方法的指示。上述任一微小变化都可能让最终的菜肴大相径庭。虽然食谱中大多数调味品是现代调味品的古代版，但其中仍有已从现代饮食中消失的品种，这也加剧了上述问题。

罗马人最喜爱的两种调味品——串叶松香草（silphium）和名气较小的鱼酱油（garum），都是从希腊引入的。

另一种罗马厨师常用的调味品为发酵的鱼酱油，即鱼酱。任何对罗马食品略有耳闻的人，在听说罗马人用腐烂的鱼酱汁烹调他们的食物时都会不寒而栗。虽然我们早就知道鱼酱是用

欢宴（〔波〕亨德里克·赫克托·希米拉德斯基绘）

腌鱼经酶而非细菌发酵而成，但我们还是无法消除罗马人喜欢食用腐食的论断。

全罗马帝国境内都有工厂生产鱼酱，品质、口感、色泽和价格并不相同。高品质的鱼酱与现代亚洲鱼露类似，为半透明的金色液体，有一股古怪的咸味，带有一丝大海的气息，完全与腐烂的鱼类无涉。

鱼酱油

阿皮基乌斯食谱中的精美菜肴，其所应用的诸多食材并不是罗马一般居民日常食用的。古代"地中海饮食"中的主要食材是什么？当年罗马人无从获取任何我们今天认为是地中海饮食的特色元素，没有番茄、土豆、青椒、茄子、橙子，连意面和通心粉也没有。当时罗马人的主食是谷物。此外，这本烹饪书还佐证了鱼、肉在罗马饮食中的核心地位。鱼、肉的烹饪方式可为煮或烤、炸、烘。调制腌泡汁可使用多种液体，这些液体也可作为烹饪媒介，其中包括橄榄油、牛奶、葡萄酒、醋、鱼酱及各种混合物。当时罗马人还不知道甘蔗也能产糖，他们主要使用蜂蜜增加甜味，此外还可通过蒸煮，从果汁中萃取出甜味物质，这样煮出的汁液味道多变，已不仅仅是甜味了。

根据文学作品的记叙，罗马厨师似乎特别注重配制调味品来打造不同的风味。如在一片烤肉上浇上不同的酱汁，就能产生许多不同的味道。阿皮基乌斯在其烹饪书中列举了许多酱汁，这在很大程度上导致许多人不认可此书。反对者认为书中的酱汁都是用异域昂贵调味料调制而成的，旨在掩盖食物的真实味道。罗马人偏爱味道的深度和复杂程度，其饮食口味分为多层，一般为辛辣、甜辣和酸辣的组合。

请注意"异域"这两个字。罗马人一般不会认为古希腊属于异域。所以，笔者认为罗马人是从古希腊和伊特鲁里亚继承了"简单食物"，但从"异域"引进了大量调味料来制作酱汁，并由这些酱汁造就了味道的多层性与复杂性。那么异域是哪里呢？不可能是欧洲，只可能是北非、亚洲。如埃及、迦太基（今突尼斯北部）、以色列 – 犹太王国、印度、波斯、阿拉伯……

然而，罗马的伟大正在于此。之前讲过，古罗马文明是逐渐融合在一起的文明，而不是消除一切差别的文明。古罗马文明的伟大不在于她发明了什么，而在于她使用了什么。

罗马人打造的帝国历经各种内外危机、傲然挺立了上千年。5 世纪，由于野蛮民族不断入侵，西罗马帝国覆灭，而改头换面的东罗马帝国又存续了上千年。随着西罗马帝国的覆灭，人民生活的各个方面也发生了天翻地覆的变化。后罗马时期前的平民百姓生活贫困，人口、生产和贸易急剧减少，交流严重受阻。加之关注灵魂的新基督教理念反对关注肉体享受，人们的饮食习惯与日常生活都产生了巨大变化。虽然卫道士们宣称对食物的喜爱很容易导致贪食的罪行，但这种主流思想却无法根除人们对宴会的热情。在基督教兴起后的几百年间，人们既设立了很多宴饮日，也会从长期斋戒中获得放松。古罗马人对美食的赏鉴构成了文明社会生活的基础，并为后世留下了宝贵的精神遗产。

古罗马广场遗迹（Bebo86 摄，源自维基百科 3.0）

（3）智慧的希伯来

希伯来，在希伯来语里这个词的正确发音是 "Ivri"，意为 "渡过"。因为根据《圣经》和其他史料记载，犹太人的族长亚伯拉罕率领其族人从两河流域的美索不达米亚乌尔城渡过幼发拉底河与约旦河来到迦南（今巴勒斯坦），从此这些人便被称为"希伯来人"，意思就是"渡河而来的人"。

公元前16世纪，迦南地发生了一次特大饥荒，希伯来人为了逃避饥荒而南迁埃及。在埃及住了400多年后被奴役，他们在领袖摩西的带领下离开埃及回到迦南地。重返迦南的路途和时间，遥远而漫长，达40余年，历经千辛万苦。希伯来人出埃及时，上帝在西奈山启示摩西立下著名的《摩西十戒》，即犹太教后来的"十诫"。这是犹太人历史上的一个重大事件。此后，"希伯来人"一词就很少在《圣经》中出现了，取而代之的是"以色列人"。

深远的希伯来文化产生了一个对人类有着重大影响的宗教——犹太教。关于希伯来早期的历史，我们凭借的是《圣经》。在这部犹太人的经典中，希伯来人最早的祖先名叫亚伯拉罕，是上帝所赐予的名字，意为"多国之父"。《圣经》是犹太教与基督教的共同经典。基督教的《圣经》由《旧约全书》《新约全书》组成。《旧约全书》即犹太教的《圣经》，是基督教承自犹太教的。

古希伯来人用来烧煮食物的用具主要是陶器。希伯来人用的陶制炊具十分简单，四周没有什么装饰，底部以圆平的居多。随着生产力的发展，古代希伯来人炉灶的式样和性能也在不断地改进和提高。从其烧煮食物的方法和炊具的改进上，不难看出希伯来人在食品加工方面同样表现出较高的智慧。

《圣经》中最早提到食物的地方是亚当、夏娃偷吃禁果，此后他们被赶出伊甸园，开始在尘世间耕种蔬菜和粮食。在挪亚造方舟时，上帝对他说，你要积存大量的食物，以维持大家的生命。但是，没有说出食物的名称以及它们的具体做法。

《圣经·创世纪》第25章，开始越来越详细地介绍古代希伯来人的食品及其加工。以撒的两个儿子以扫和雅各有着不同的烹饪方法：长子以扫喜欢打猎，便常常将捕获的猎物做成"美味"送给他父亲吃，

以撒祝福雅各（〔意〕卢卡·焦尔达诺绘）

因此深得他父亲的喜爱；次子雅各擅长农产品的加工，先用一碗香味扑鼻的红豆汤从以扫那里交换到了长子权，继而用肥嫩的山羊羔肉和饼获取了他父亲的"祝福"。在《圣经·利未记》第6章中提到了圣饼的做法：先用细面粉加上水和油，调匀后捏成饼块，放在一种扁平的铁制烙器上用火烤。这可能是希伯来人供奉上帝的常见食品——无酵饼的最早记载。

古代希伯来人平日里的主食是面包。烘面包最简单的方法是将揉好、发酵过的面团放在炭火上烤，或先将碗、盆放在火上烤热，再将准备好的面团放在碗或盆中继续烤。当时，希伯来人已发明了一种特别的烤面包的浅盆，上面打了许多小孔，使面包不至于粘在上面。制作饼的原料除了麦子外，还有葡萄、无花果等。除了用火烤制面包和肉类食品外，希伯来人很早就掌握了煨、焖、炖的技法和食物之间的搭配。

希伯来人认为要保持灵魂的健康，关键在于饮食要得当。Kosher，泛指与犹太饮食相关的产品，也就是"洁食"。在希伯来语中，意为适合的或可以接受的。Kosher的食品须遵从"特里法"，即不能断定洁净与否的原材料不用，烹调方法不正确的菜品不吃。同时规定"五不食"：不食动物血液，因为血液被犹太人视为"生命的液体"；不食自死的动物，kosher的肉和禽必须以特殊的方式屠宰，并去除体内的血；不食牛羊后部的某些筋腱；不食猪、兔、马、驼、龟、虾、贝等；一餐饭中不可同时食用肉品和奶品。

餐会布置一瞥

由于Kosher严格限制肉奶同食，对当代西方人来说，其最大的好处是减少了卡路里的摄入，比如高热量的比萨、汉堡等都不能吃。同时，肉奶分食可减轻胃胀气的不适，提高了消化系统的活力。对牛羊等的快速屠宰放血，可有效杜绝疯牛病。宰杀鸡鸭等家禽后，先以冷水清洗，再用盐水浸泡，能起到杀菌消毒的作用。而严格限制猪肉和贝类的食用，使得 Kosher 食物减少了过敏原，成为对猪肉里的化学用剂和贝类过敏的消费者的首选。

旧约律法，为什么把动物分为"洁净与不洁净"或者说"可吃与不可吃"这两种类型呢？从历代《圣经》学者提出的区分理由，可归纳出以下六个原因：一、异教的原因；二、圣洁的原因；三、心理的原因；四、卫生的原因；五、人类学观点；六、象征的含意。由此可见，区分"洁净与不洁净"的原则，从旧约律法的规定上看，不能单单从"卫生与不卫生"的角度进行评判，更多要依据宗教的教义，宗教因素多于卫生与健康的考量。

5　对西方文化源流的概括

笔者原来打算从西方文化的源头来寻找西餐的源头，可是通过以上探究，好像并没有从西方文化的根源上找到足够多的与美食相关的内容。首先，古希腊文化，因为生活方式与生活追求，提倡的是简单饮食；其次，古罗马文化，基本承袭古希腊文化，另外在饮食上融合了许多异域文化，虽说来自东方的香料与酱汁让其烹饪方式具备了一些美味元素，但并未在价值观上给西方世界带来根本性影响；其三，希伯来文化，也就是基督教文化，它对西方世界的影响是深远的，然而基督教的前身犹太教清规戒律苛严，寓教义于食以及以洁净养身是其饮食文化的两大基石。所以，希伯来文化给西方世界带来的根本性影响，不是美食，不是烹饪技法，而是很多禁忌，而这些禁忌最后构成西餐礼仪的主体。

由于基督教文化的缘故，博爱取代了自由放任。直到目前为止，我们看到的所有西方高福利国家都是基督教国家，而这些国家的宪法又有效地辅助了有关政策，这一切并不是巧合。涉及基督教文化中关于"情"的伦理，人的自爱与博爱，以及与此相关的人的救赎与行善，全部以价值观的共识影响着西方人的饮食观。基督教伦理中的诚命有两条：第一，耶稣说：

你要尽心、尽性、尽意、尽力爱主。第二，要爱人如己。先自爱，次之为爱人如己。基督教的爱是一种博爱。《圣经》强调对穷人的关心和爱：在你们的地收割庄稼，不可割尽田角，也不可拾取所遗落的，要留给穷人和寄居者。基督教对人类命运的普世关怀，不但肯定了个人，即自爱和自我的价值，而且也肯定了人类有共同的价值，即个人主义和集体主义可以恪守共同的法则，共营社会政治生活。

讲到这里，笔者想更正一下之前的观点，西方文化其实只有两大源流，即古希腊文化与希伯来文化。因为古罗马基本上照搬古希腊，那些融合进来的异域文化如蜻蜓点水一般，只触及表面，并未深刻影响到人们的价值观。西方文化从希伯来文化得到了一个信仰的上帝，从而继承了犹太教"上帝面前人人平等"的伦理传统；又从希腊文明中得到了一种理性逻辑的求知工具，继承了"真理面前人人平等"的认知普遍主义。

6 古代东西方饮食水平比较

（1）中世纪欧洲的饮食水平

现在西方的很多主要食品在中古时尚未传入欧洲，如土豆、番薯、玉米、西红柿等，而在上古时甚至连豆子都没有。除了主食小麦、大麦基本上没有什么变化外，欧洲人的饮食结构今古的区别还是很大的。

那个时候的面包味道不会很好。古代欧洲因为没有充足的饲料，所以在过冬的时候经常把不留作种畜的牲畜都杀掉做咸肉。没有肉桂、丁香、豆蔻、胡椒等香料，咸肉的味道也是很恐怖的。咸肉的一大好处是出门不用另带盐了，吃饭时切下一小片和其他菜一起煮就行了。这也说明了咸肉一般为什么都咸得让人受不了的原因。

香料、黄金、丝绸，这是中世纪西方国家梦寐以求的东西。前者更占据了重要的地位。每一艘自东方满载香料回来的航船，都能获得巨额利润，驱使人们不畏惊涛骇浪，远涉重洋。倒霉的成了异国亡魂，幸运的一夜暴富。

1磅豆蔻可以换一群羊，1磅丁香等于三倍重量的黄金，这样的买卖，就是杀头都有人会抢着做！

南亚和东南亚一个穷困的土人每顿饭使用的香料是当时在欧洲的国王所不敢想象的奢侈享受。

其实中世纪的欧洲，一般老百姓哪里能天天吃肉，多半有些面包就不错了。一天到晚忙死忙活，也没什么工夫注意烹调，只有贵族老爷才会稍有一点讲究。主食面包经常用原麦粒做成，有时候加上没炒过的向日葵籽，吃起来有股酸味。

中世纪的欧洲人其实营养是相当不好的。19世纪的德国人平均身高也不过1.60米左右，从那些遗存的骑士盔甲就可以看出来。骑士如此，老百姓就可想而知了。当然，不能绝对化。当时南欧的烹调因为受阿拉伯世界的影响，喜欢用酒调味，酒中的醇能够和动物组织中的脂肪酸生成有强烈香味的酯，并可以去除鱼中的腥味，这对于崇尚海洋文化的南欧是很有用的。同样是穷人，某些地方的人可能善于烹调一些。据说，吉普赛人就经常用死狗、死猫以及欧洲人扔掉的下水做出美味佳肴。

西方人的主食当然是面包，但面包的主要成分却未必是小麦，在整个中世纪，西欧经常处于阶段性的粮食危机中，危机的原因来自各个方面，一个主要方面是低产。有一点农业知识的人都知道，小麦的单位产量在三大主要粮食作物（小麦、水稻、玉米）中是最低的，加上农业水平的低下，欧洲的气候又比现在冷得多，所以在整个中世纪（可以说这个匮乏时代几乎延续到17世纪）小麦的产量都处于供不应求的状态。于是各式各样的代用品，包括大麦、黑麦、双粒小麦之类的谷物都被做成面包，甚至用栗子和豆子磨粉来做面包。穷人长期食用成分复杂的面包，白面包则归富人、贵族和教会特权者享用。有一种白面包叫做司铎面包，还有一种加入牛奶并且用啤酒酵母来代替普通发面的精白小面包，叫做皇后面包。

当时的欧洲人吃肉很多，但不是现在我们印象中的牛排，而是猪肉。欧洲森林和公共荒地很多，猪基本上是放养的，所以有牧猪人这样的职业。猪肉在中世纪一直是西方的主要肉食。牛肉和羊肉也占一定比例，但不高。养羊主要是为了获取羊毛和乳品，大规模养牛供食用当时还比较少见，养牛主要是为了获取乳品——奶酪和黄油。虽然现在欧洲人对食用猪下水感到恶心，但当时的欧洲人也食用猪下水和猪血，这个习惯东欧至今还有保留。

野味也是肉食的一大来源，但这基本上归领主贵族享用，包括鹿、野猪、野兔和淡水鱼。中世纪欧洲贵族的第一大娱乐就是狩猎，因此严厉禁止私猎。但农民偷猎的情况还是经常发生的。到城市兴起以后，野味也开始渗透到市民的餐桌上来。

阉鸡（为了肉质肥嫩）和肥鹅是中世纪的美食。还有许多野禽可供食用，天鹅和孔雀一度都是美食家的大菜，至于味道如何，不敢想象。

在天主教的斋戒期内，鱼和蛋类是唯一可以食用的荤菜。因此腌制的青鱼（也包括其他鱼类）是极受欢迎的食品，供穷人常年食用作为蛋白质的来源。

与中国不同，酒是欧洲人的常备食品，而非庆祝宴会上的兴奋剂。无论穷富高低，酒都是每餐的必需品。当时的军需供应表上每个士兵应当每餐领用多少葡萄酒都是有详细规定的，其地位简直不亚于面包。当然酒有好坏之分。一般在葡萄酒产地（欧洲的南部），葡萄酒是大众饮料。当时的葡萄酒已经有红白之分，但白兰地还没有出现。酒主要用木桶装运，当时可能在酿酒技术上还不过关，当年的新酿之酒一般价值都十倍于隔年的陈酒——因为后者往往会变酸，无法入口。

木桶贮酒

欧洲的中世纪，冬季比现在冷得多。因缺少饲料，喂养牲畜的农民必须在冬季来临前屠宰无法喂养的牲畜，腌制咸肉。

（2）唐宋时期中国的饮食水平

饮食是生活中最基础的部分。社会生活的各个方面，尤其是生产力与经济的发展是饮食习惯形成的基础。饮食文化反映的是一个历史时期社会、政治、经济等方方面面的情况。与欧洲中世纪中期处于同一时代的是中国的唐宋。唐宋是中国历史上各方面都比较辉煌的朝代，也是中国历史上饮食文化的快速发展期。

唐朝中前期，主食以粟类为主，小麦、稻米为辅。农业生产技术的发展，以及唐朝中期开始实行的人口大量南迁带动了南方农业生产，小麦及稻米的产量得以大大提升。于是在唐朝中期以后，麦与米逐渐取代粟的主食地位，在南方以稻米为主，辅以麦粟等，在北方则以麦为主，辅以粟稻，逐渐形成了延续至今的南稻北麦的主食格局。

宋朝时期的主食供应延续了唐朝形成的主食格局。在南方，引进稻米的优良品种与种植面积的增加使得稻米的产量大增，稻米成为宋朝第一大主食；在北方，麦的种植更加成熟，种植面积与产量都得到极大的提升。

在肉食的供应上，唐宋两朝牛羊猪肉的消费都比较广泛。在唐朝，羊肉作为主要肉食受到社会各阶层的喜好。与此同时猪肉的养殖与消费也开始扩大，并且地位逐渐提高。到宋代，牛羊肉依然得到上上下下的喜爱，尤其是在宫廷，羊肉深受两宋皇室的喜好。同时，宋朝的养猪规模与技术得到提升，猪肉在民间的消费量逐渐增加。尤其是宋廷南迁之后，羊肉供应不足，猪肉的消费逐渐成为主流。

瓜果蔬菜以及副食，唐宋时期在整体品种上并无太多区别。但是得益于宋朝对工商业的开放态度，就生产加工技术及产量而言，宋朝在唐朝的基础上有较大的提升，可供民众消费的瓜果蔬菜以及副食大大增加，饮食产品更加丰富。

在食物的加工上，唐朝时期主食的加工以烤为主，蒸煮为辅，代表性的主食有烤制的烧饼、胡饼等，辅以各种蒸制主食，米麦粟粥。到宋朝时期，麦的供应更加充足，同时主食制作方式也发生了改变，改为以蒸制为主，烤和煮为辅。相对于烤制，蒸制更加方便，另外主食种类、口味也更加多样化。

在副食的加工上，唐朝同样是以烤制为主，煮制为辅。炒的形式虽然已经出现，但是尚未得到普及，因此几乎看不到唐朝炒菜的记录。到宋朝时，炒已经相当普及，在家庭以及食肆中发展出非常丰富的炒制副食。与此同时煮制依然在宋朝的饮食中占据重要的地位。

唐朝的饮食市场包括饮食店铺、摊贩等，供应各种主副食，并且已经形成相当的规模。一些知名的饮食店铺可以供应精美的宴席，是权贵文人们互相结交宴饮的重要场所。但是限于唐朝政府对工商业的限制以及严格的坊市的规定，饮食经济的发展相对有限，人们的饮食场所依然以家庭为主。

到宋朝时期，社会经济的发展促进了各种形式的食肆店铺的迅速发展，食品种类供应更加丰富，且突破了坊市、时间的限制，形成了市井街头的丰富饮食经济。在《清明上河图》中可以看到大量与饮食有关的店铺、摊贩等。人们在饮食习惯上也更加倾向于在食肆等场所会客就餐，甚至在宋朝的都城，人们为了方便快捷，养成了三餐都购买现成食品的习惯。另外，为了方便居民的饮食，餐饮商家甚至已经发展出了送餐上门服务，可见宋代饮食经济之发展。

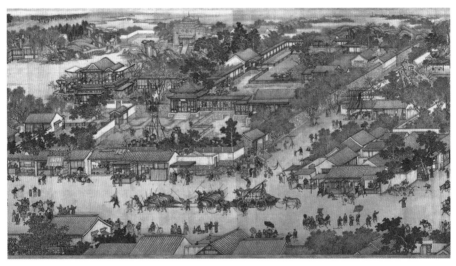

《清明上河图》局部（〔北宋〕张择端绘）

隋唐的统治者本身都带有一定的少数民族血统，加上政权的强大，因此他们在少数民族问题上相对比较开放，不同文化在唐朝境内相互融合。唐朝的饮食文化受到胡人的较大影响，日常饮食中存在大量胡人食品，如主食上有各种烤制的胡饼、烧饼等；胡人的葡萄酒也深受唐人的喜爱；还有各种奶制品、奶油、奶酪、马奶酒等。唐朝的街市上随处可见胡人开的食肆、饼肆、酒肆等，专门经营胡人食品。胡人的饮食文化构成了唐朝饮食文化不可或缺的一部分。

唐朝饮酒习俗的形成建立在生产工艺提升的基础上，酒的品质、种类、产量都得到极大的发展。因此酒的消费从世家贵族进入平民百姓阶层，形成了唐朝上下广泛的饮酒习俗。酒代表的豪放与诗意，正是唐朝社会自信、开放与浪漫的表现。仔细看宋徽宗赵佶所绘的《文会图》，他与其宠臣蔡京都在上面留有题跋，绘画的主题是重现唐太宗李世民当秦王时建文学馆与"十八学士"（杜如晦、房玄龄、于志宁、苏世长、姚思廉、薛收、褚亮、陆德明、孔颖达、李玄道、李守素、虞世南、蔡允恭、颜相时、许敬宗、薛元敬、盖文达、苏勖）雅集会饮的场景。

宋朝是结束中原混乱而形成的统一政权，但是在宋朝的疆域版图上缺少了北方、西北的大片区域。另外，这些区域少数民族形成了强大的政权，长期与宋朝处于战争或者对峙状态，因此宋朝对他们持相对警惕的态度。在这种情况下也就谈不上规模化的文化交流与融合了。因此宋朝的食肆摊贩虽也有其他民族的饮食贩卖，但其人众相对较少。

相对唐朝民众对饮酒的喜爱，宋朝虽然在酒的制造上更加进步，但是宋朝的士大夫阶层对饮酒表现得较为内敛、节制，对酒的感情远不如唐朝文人。这也体现了在内外部环境的影响下，宋朝士大夫浓重的忧患意识。宋朝时期酒的消费主要体现在平民阶层，街头处处可见酒肆以及兼营卖酒的食肆，体现了宋朝民众

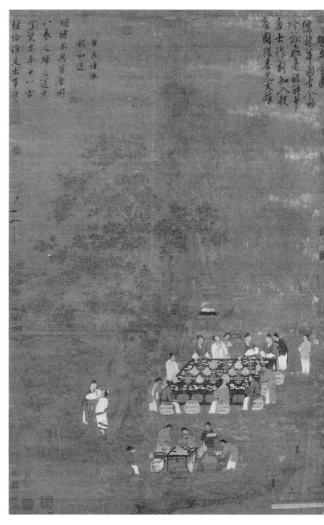

《文会图》（〔宋〕赵佶绘，台北故宫博物院藏）

生活富足的一面。宋朝时期的绘画及文艺作品多有描述民众饮酒的场景。

7 西方根本就没有什么古典美食

之前讲了西方文化的两大源流，即古希腊文化与希伯来文化。这两种文化对烹饪和饮食起了什么作用呢？

古希腊的饮食特点是简单质朴，烹饪方法以烤为主，不主张任何花里胡哨的技法。葡萄酒及香料构成了古希腊人的基本饮食图谱。在古希腊，人们一天只吃两顿饭，第一顿临近中午吃，简单、清淡，类似中国人现在的早餐，充饥为主；第二顿是真正意义上的晚餐，有时通宵达旦，所以这其实是一场酒会，组织者安排了大量的社交活动和娱乐活动。厨师是奴隶，他们一般都按规范提供食物烹饪，没有创作美味的任何主观能动性，加上来参加宴会的人是以饮酒和社交为目的的，不会把注意力集中在味蕾上，因此在古希腊，食物几乎都是食材本身的味道，烹饪方法是原始的，虽然也会用香草调味，但人们普遍缺乏对复杂性烹饪与饮食的热情。而希伯来文化给饮食世界带来的根本性影响，不是美味，不是烹饪技法，而是很多限制。

古代欧洲的社会生产力水平远未达到现代社会的高度，食物匮乏对于大众而言极为常见，无论是主食抑或其他食物，普遍存在着短缺问题。虽在平民眼中，贵族阶级占据着社会最高等级，但在贵族阶级内部，同样有着不同的阶层划分，而依据不同阶层，面包则被分为皇后面包、白面包、黑面包。皇后面包等级最高，皇后面包在制作过程中，会加入鸡蛋、牛奶、香料等，其味道及制作工艺均体现着当时社会的最高水平。即使是中世纪欧洲的国王，都无法时时刻刻吃到皇后面包，只有那些立下赫赫战功或有着重大政治贡献之人，方有机会品尝到皇后面包的美味。相比皇后面包，白面包主要由较为细致的小麦粉及面粉混合而成，基于相关史料记载可知，白面包与现代社会的面包较为相似。基于白面包昂贵的食材价格，即使是贵族阶级亦无法时时享用，只在宴请贵客时，才会选择白面包作为主食。排在第三位的黑面包则是中世纪欧洲贵族阶级的日常食物，虽从表面来看，黑面包较为粗糙，但贵族阶级所食用的黑面包制作过程较为精细，且面包中的杂质较少，食用口感相对较好。在中世纪欧洲平民的日常生活中，主食大致分为黑面包、马面包、燕麦粥或燕麦煎饼。与贵族阶级的黑面包不同，供给平民的黑面包含有大量杂质，且受制作工艺的影响，平民阶级的黑面包坚硬无比，食用体验极差。尽管如此，黑面包仍旧是平民阶层的上等食物，只有在贵客到来时，主人才会将黑面包当作主食宴请宾客。马面包的主要原材料为豌豆及燕麦，在中世纪的欧洲，只有穷人和马才会将这种面包当作主食。与黑面包相比，马面包的味道及口感更差，尽管如此，马面包仍旧不是中世纪欧洲社会最底层的穷人所能食用的食物。

在当时的欧洲社会中，贫穷的农民及奴隶只能将燕麦粥或燕麦饼当作主食。或许在现代人看来，燕麦粥和燕麦饼并非难以下咽之物，但受生产技术的限制，当时的燕麦粥与燕麦饼味道极差，与现代的燕麦粥与燕麦饼有着天壤之别。除主食上的差距外，在日常饮食中，中世纪欧洲的富人阶级可以将猪肉、牛肉、鸡肉和鱼肉当作经常食用的菜品，但平民却很少能够接触到肉类食物，此外，平民的吃肉时间也有着相关的社会规定。虽教会规定每周三、周五及周六是禁食日，但贵族们往往能打破这一规定，而平民却只能遵守。对于中世纪欧洲社会的农民而言，虽其日常劳作会饲养牲畜及鱼类，但他们所饲养的家畜被要求供给贵族，自己并无享用的权利。当农民想要吃肉或吃鱼时，只能在规定范围内的森林或湖泊进行捕猎。

调味料是当今人们日常生活不可或缺的重要物品，但在中世纪欧洲，调味料却极为奢侈，只有贵族阶级方能享受到调味料及更加优质的食物烹饪方式。当时的贵族食用水果前，均会将水果完全煮熟，并加入大量的香料进行调味，虽在现代人看来，这一食用水果的方法极为奇怪，但吃煮熟的食物是一种高尚行为，只有平民粗粝，才生吃水果。此外，受农业发展水平的限制，调味料成为欧洲社会中的稀有物品，基于这一原因，唯有贵族方能享受到来自东方的珍贵调味料，平民终其一生，几乎无法与调味料有任何接触。

在吃不饱的情况下哪能奢谈什么美食，果腹才是最重要的！所以一味纠缠于西方古典美食的人，可能真的对西方文明、西方世界不太了解，古代或中世纪的西方是和中华文明不能比的。两千五百年前孔子的时代，就已经知道吃好东西了，否则孔子没必要提倡"两不厌，十不食"。而古代西方人似乎只关心吃得饱还是吃不饱，并且一旦有条件就可能暴饮暴食，否则尼禄皇帝又怎么会去追求那种"吃得站不起来"的感觉呢？

给大家介绍一本书——《文明》，作者是哈佛大学历史系教授、牛津大学高级研究员、英国最著名的历史学家之一尼尔·弗格森。

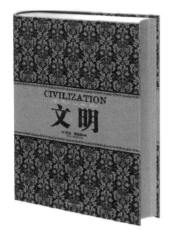

《文明》书影（中信出版社2012年版）

尼尔·弗格森在书中比较了南京和伦敦，选择的时间点是洪武元年，即1368年。笔者简单介绍一下他叙述了什么。概括地讲，他认为：南京是天堂，伦敦是地狱。为什么？就举一个例子，他说当时南京的城市规划已经非常好了，而伦敦在洪武元年的时候连下水道都没有。没有下水道是一个什么概念？就是人们每天的粪便全都在街上。这个城市没有下水道、没有除污的措施，死亡的动物与腐烂的蔬菜散落街头。每条路中间都有一条可供居民投放排泄物的"管道"；大部分房屋的后院都是用来堆积垃圾的地点，因为垃圾没地方放，老鼠在这里开心地繁殖。黑死病来袭，每天都能死两百多人，尸横遍地，所以瘟疫流行。大家知道当时整个伦敦，人的平均寿命只有二十几岁！对照一下南京：明洪武二十八年（1395）詹事府右春坊右赞善王俊华奉命纂修《洪武京城图志》并刊刻行世，专记明初京师南京情况，分宫阙、城门、山川、坛庙、官署、学校、寺观、桥梁、街市、楼馆、仓库、厩牧、园圃十三类，并附"皇城""京城山川""大祀坛""山川坛""寺观""官署""国学""街市桥梁""楼馆"九幅图。伦敦与南京简直没法比！

那么你想想，在这种情况下西方人有没有可能去追求什么美食啊！

整个中世纪和中世纪过后的两三百年，西方尚不能解决温饱问题、尚不能解决城市污染问题，难道会有一个和中餐等量齐观的西餐文明吗？更何况以古希腊为源头的西方文化，本来就没有强调美食的传统。不过，雅典的气候与地理环境相对伦敦优越，在海风的吹拂下，食物的清香还是会时不时飘拂而来的。

综上所述，我们似乎会得出这样的结论——古代、中世纪根本就没有什么西餐，即使有也没什么大不了的，算不上是文明的产物。那么再来看看之后的情况。

8 怎样理解西餐

前面笔者提过一本叫《来吃意大利》的书，是英国人杰米·奥利弗写的。作者认为意大利菜整体形成只有 150 年的时间。书是 2010 年出版的，倒推 150 年，是 1860 年，第二次鸦片战争，对吧？也就是中国被迫对外开放的那个时候。意大利菜在那个时候，笔者觉得仅仅是刚成雏形，便随着西方国家的坚船利炮，一起到达中国。之后包括意大利菜在内的西餐逐渐在中国传播开来。

上海开埠，集中带来大量外国人，这些外国人中有达官显贵，也有为达官显贵服务的厨师。那么你说上海是否也是西餐的发源地之一啊？上海有很多和本地人的口味相融合的西餐馆。比如说著名的德大西餐社，有 100多年的历史，还有上海交通大学旁边，广元西路、天平路口的新利查，也有 100 多年的历史。如果你到新利查吃饭，记得点上海沙拉，因为这个沙拉是我们上海人自己发明或改良的，比较符合上海人的口味，是上海西餐的代表性菜肴。新利查的招牌菜还有烟鲳鱼、葡国鸡。以前有种说法叫老克勒。你若去新利查，开口就点这三道菜，服务员立刻明白，来的是老克勒。

顺便解释一下老克勒。老克勒从英语 old white-collar 而来，按意思翻译，应为"老白领"。在旧上海，是指在政府、银行、律师行、会计行工作的职员。老克勒的生活是悠闲的、雅致的，举手投足间流露出某种腔调。他们再穷，也会保持一种绅士的风度和生活状态，在自我想象的空间里，消费西方文化。

所以可以得出这样的结论，西餐并不像有些人说的，有多么古典、多么大不了。米其林多少星，好像有多少年历史一样。其实西餐只有很短的历史，中国人去学一下，也没什么不可超越的。

问题是怎么样去理解西餐。只有理解了西餐，我们才能做得好西餐。

西餐绝对不像有些人说的，把菜做得好吃就可以。这个是中国菜和西方菜本质上的差异。如果大家不理解这一点，是很难做好西餐的。中国的饮食比较注重口味。中国菜很多时候是不太讲究原汁原味的。特别是上海目前的饮食，我觉得正在向重口味发展，用调料把菜点做得重油、重辣、重麻、重酸、齁甜，这些味道可能对健康是不利的。

对比注重"味"的中国饮食，西方是一种理性饮食观念。即重形式、重营养、轻口味，讲究一天要摄取多少热量、维生素、蛋白质等。即便口味千篇一律，也一定要吃下去——因为有营养。这一饮食观念同西方整个哲学体系是相适应的，也就是形而上学。

这类西方人笔者碰到过，比如说吃汉堡，可以顿顿吃，早餐、午餐、晚餐，全部吃汉堡。当然这是比较穷的西方人，但即便是如此快餐式的饮食生活，也要讲究营养，他们认为这样一个搭配正好。普通中国人呢，传统上是不管营养的，味道好就可以，且不论贫富，每餐都想要花样翻新。这个饮食观念，笔者觉得和文化本质，和哲学理念有关系，这种哲学理念叫做"形而上学"。

9 什么是形而上学

解释一下什么是形而上学。笔者从小就接触这个词汇，并在老师的帮助下，认识到这是一个"很坏"的词汇。我记得"文革"时期上小学的时候犯了错误，经常会说自己犯了形而上学的错误。其实我不知道什么是形而上学的错误，但是因为一直写检讨，就习惯性用这个词。

形而上学是什么东西呢？当时的理解就是说，这个人不尊重客观现实，总以自己的意志来选择行为方式。比如不尊重老师正在上课的客观现实，在课堂上聊天、打闹等，自由散漫、无法无天……那么这个就叫形而上学吗？

"形而上学"的原文 metaphysics 是亚里士多德一部著作的名称，该著作是亚里士多德死后 200 多年，由安德罗尼柯把他专讲事物本质、灵魂、意志自由等言论编辑而成的。人有灵魂吗？可能大家都说不清楚。但是说你是个没有灵魂的人，想必你也难以接受！灵魂是什么东西？看不着，摸不到，这就叫形而上学。完全看不到任何形式上的东西，按佛学的说法：色即是空，空即是色。

"形而上学"的中文是根据《易经·系辞》中"形而上者谓之道，形而下者谓之器"一语，由日本明治时

亚里士多德（前 384—前 322）

期著名哲学家井上哲次郎翻译的。明治维新以后，日本全面向西方开放，研究西方，然后他们把从中国学来的东西和西方文化进行结合，所以日本才会在各个方面超越清帝国，包括军事实力。形而上者谓之道，大家也可以用道家的哲学去解释。老子五千言，第一句话是"道可道，非常道。名可名，非常名"。道，可以说得清楚就不叫道了。道可道，前面一个道是道理的意思，后面一个道是动词。

有人认为，西方形而上的饮食理论，对饮食文化起了大大的阻碍作用。笔者觉得仅仅在口味上面，"形而上"可能是起了一定的阻碍作用。西式宴席最讲究的是用料、餐具和服务，还讲究形式上的搭配，看上去豪华、高档，但是吃起来，大家都有类似体会，味道比较一般。特别是英美系菜肴，从美国洛杉矶到纽约，牛排都是一种味道；从伦敦到霍巴特，炸鱼薯条可以一成不变。没有什么个性，像现在大家所习惯的快餐，全球各地的肯德基、麦当劳全是一模一样的东西，味道的一致性是有绝对保证的。

作为菜肴，鸡就是鸡，牛排就是牛排，纵然有搭配，那也是在盘中进行的，一盘"法式羊排"，一边放土豆泥，旁倚羊排，另一边配煮青豆，加几片番茄便成。色彩上对比鲜明，滋味上各种原料可以互不相干。法餐会在菜品的表面淋上一些沙司，作为调和；英美系人士排斥沙司，主张简单

明了，拒绝任何花里胡哨。西式饮宴上，食品和酒尽管非常重要，但实际上仅作为陪衬。宴会的核心在于交谊，通过与邻座客人之间的交谈，达到交谊的目的。

然而，阻碍的作用就一定是"反动"的吗？孔子的"十不食"里面应该有不少规范都是形而上的吧？是阻碍还是推动饮食文化发展？这个在后面的章节还会讲到。

10 君子谋道不谋食

饮食男女，人之大欲存焉！

如圣人所言，对美食的追求是人之天性。烹饪一旦从仪式感、宗教感等政治行为中被剥离出来，那么在相对富足的社会，它所营造的美味，就可能会把人们引入一条挥霍无度、肆意妄为的邪路。

中国人从来不反对从饮食中获取快感，恰恰相反，进食者最理想的态度是欣赏食物的味道和烹调的手法，进而对生产者和劳动者怀有感激之情。饕餮会受到强烈反对，因为并非穷困才是勤俭节约的理由，应该按照孟子的教诲"富贵不淫"。虽然孔子提出"两不厌"与"十不食"的饮食观，但他同时还倡导简单和适度饮食。"君子食无求饱"，孔子认为君子不要去追求过分饮食，只有饿的时候才去进食，且吃饱即止。孔子认为"食"是非常重要的，"食"必须放在治理国家的政治高度来认识，这是因为平民百姓把"食"看得极为重要。但是，君子不是寻常百姓，要有比一般老百姓更高的追求层次。"君子谋道不谋食"，食固然重要，但是君子追求更重要的东西，那就是"道"。所谓君子，就像孔子的得意弟子颜回一样。孔子称赞颜回："贤哉，回也！一箪食，一瓢饮，在陋巷。人不堪其忧，回也不改其乐。贤哉，回也！"孔子认为君子不能没有饮食，至少要有"一箪食，一瓢饮"，但是又不能过于重视饮食。作为君子，在解决基本温饱之后，追求知识、追求道义就比饮食更为重要。

孔子之所以说"君子谋道不谋食。耕也，馁在其中矣。学也，禄在其中矣。君子忧道不忧贫"，意思是君子应该致力于立身行事、安邦治国，而不是直接去从事谋求食物的工作。因为直接谋求食物，即使耕种也会饿肚子；但学而优则仕，能治理国家，从而获取俸禄。君子"不谋食"有两个含义：一个含义是不用直接"谋食"，而通过"谋道"来"谋食"，即"学，禄在其中也"；另一个含义是不要为食物花费太多的心思。

孔子（前551—前479）

前面已经讲过，按照古希腊哲学家的教导，人们应该在尚未饱腹时就停止进食，并在面对丰盛的食物时保持饥饿感。古希腊人的主流思想提倡朴素、正直、有道德，所以他们在餐饮中只追求简单的味道。

但是，"谋道"与"谋食"真的对立吗？在相对富足的社会，人们是否有可能通过"谋食"来"谋道"呢？如果万事万物皆有道的话，"谋食"是否未尝就不可"谋道"？孔子若未曾"谋食"，他又怎么会得出"两不厌""三适度"与"十不食"的饮食观呢？

11 圣人为腹不为目

老子说："圣人为腹不为目，故去彼取此。"（《老子·第十二章》）用老子的话来解释孔子的"君子谋道不谋食"也许最为贴切。"为腹"不是"谋食"。"谋食"代表的是向外探求，是贪婪，是攫取和占有的姿态，它只局限于追求肉体欲望的满足；"为腹"则不然，按照林语堂先生在《老子》英译本中的解释，"腹"不过是指人的内在的自我，而"目"则是指人的外在的自我或感觉世界。在"为腹"和"为目"之间，"圣人"不是无可无不可的，而是有所择取的，是态度鲜明的，所谓"去彼取此"。

樊迟曾向老师请教如何耕稼，孔子很鄙视他，说喜欢耕作的樊迟"小人也"。按照这个观点，如果有人向孔子请教如何烹饪，孔子也会很鄙视他。所谓"两不厌""三适度"与"十不食"是孔子站在自我的立场上所表达的饮食观，是一种"为腹"。至于樊迟之流，在圣人的眼中，是"谋食"，是"为目"，而非"谋道"。

无独有偶，亚里士多德认为有两种职业，对应两种不同的生活，一种从事奴性的活动，一种从事自由的活动。与这两种职业相对应，有两种教育：一种是卑下的或机械的教育（比如传统师徒制），一种是自由的或理智的教育。有些人接受合适的实际训练，培养做事的能力，以及利用机械工具的能力，制造商品，提供个人服务。这种训练，只是使人养成机械的习惯和技能；这种训练的实施只是通过反复练习和勤奋应用，无需唤起思考的培养思维能力。自由教育的目的在于训练智力，正当地运用智力，获得知识；这种知识与实际事务的关系愈少，与制造或生产的关系愈少，就愈能适

《老子骑青牛图》（〔清〕张路绘）

当地运用智力。亚里士多德坚持划清卑下的教育和自由教育的界线，甚至把我们现在所谓美术、音乐、绘画和雕塑的实践，和卑下的技艺归为一类。它们都包括物质工具、勤奋练习和外部结果。例如，亚里士多德在讨论音乐教育时有人提出一个问题，儿童练习乐器应达到什么水平。他的回答是，儿童练习乐器的熟练程度，可以达到能欣赏音乐的水平。就是说，达到了解和享受由奴隶或专业人员所演奏的音乐便足够了。如果目的在于职业的能力，音乐就从自由的水平下降到谋生的水平。亚里士多德说，教烹饪也是一样，能够建立正确的饮食观就可以了，真的要以烹饪谋生（谋食）那就沦为奴隶了。亚里士多德说："所有为金钱而从事的职业和降低身体状况

的职业，都是机械性的，因为这种职业剥夺智慧的休闲和尊严。"被剥夺了尊严的人当然就是奴隶了。

从以上文字看起来，亚里士多德和孔子似乎在烹饪这件事情上的理解是一样的，即奴隶（小人）"谋食"，奴隶主（君子）"谋道"。然而，任何事情于"圣人"而言，都是可以"为腹不为目"的，都是可以去芜存菁的，都是可以被赋予德性的。烹饪有合乎心灵的行为吗？形而上者，谓之道！

12　烹饪的"修辞学"

让我们看看与孟子属于同时代的伟大思想家亚里士多德对"仁"的解读吧，儒家的"仁"如果翻译成西文，最接近的词汇应该是"至善"。亚里士多德堪称希腊哲学的集大成者，他是柏拉图的学生，而苏格拉底则是柏拉图的老师。

亚里士多德恪守苏格拉底道德优先的原则。亚里士多德在其著作中，对于政治和伦理的强调是十分明显的，比如在对于优良城邦的界定上，亚里士多德认为"凡能成善而邀福的城邦必然是在道德上最为优良的城邦"，政治的目的是把优秀的品质赋予一定种类的公民，使他们成为行为美好的人。这种强调，实际上是在论证这样一个主题：优良的政体等于最幸福的生活方式。也就是说，亚里士多德的落脚点放在了"使人们的幸福生活成为优良政体的目的"，即让政治的良善由伦理的完满来实现。这不正等同于孟子在得出"君子远庖厨"（《孟子·梁惠王上》）结论之前对齐宣王的劝善之言吗？孟子认为齐宣王的德

孟子（前372—前289）

性足以"保民而王，莫之能御也"，即可以让国家成为不可动摇的优良政体，让百姓安家乐业过上幸福生活。

在《尼各马可伦理学》第一卷开头，亚里士多德指出："一切技术、一切规划以及一切实践和抉择都以某种善为目标，因为人们都有个美好的想法，即宇宙万物都是向善的。"他认为德性是幸福的前提："一旦没有了德性，他就极其邪恶和残暴，就会无比放荡和贪婪。"人类的善应该是心灵合乎德性的活动，假如德性不止一种，那么人类的善就应该是合乎最好的和最完善的德性的活动。

如前所述，烹饪除了进食以外还可以变成和政治、社交有关的活动，那么烹饪这项极为重要的技术应该秉持什么德性原则、采取哪些德性行为来达到"至善"的目标呢？

亚里士多德的《修辞学》(*The Art of Rhetoric*) 是西方最早的系统阐释修辞原理的著作，它包含着一些重要的美学问题与观点。在《修辞学》中，亚里士多德一方面强调隐喻的相似性原则，另一方面认为隐喻的使用应该符合美的法则，"隐喻应当取自美好的事物"，隐喻应当从具有意义之美的或者能引起视觉或其他感官的美感的事物中取来。亚里士多德肯定隐喻能带来好的效果，认为人们正是通过隐喻来把握一些新鲜事物的。

所以从修辞的角度而言，烹饪的很大一部分作用正是要把食物"隐喻"成不像食物的样子，特别是对动物性食材而言，以免用餐者"见其生而不忍食其肉"。受亚里士多德的影响，西式烹饪在1000多年后的文艺复兴运动中，开始全面寻求用美感来取代真实感，用艺术来掩饰食物的天然状态。就像发明用火加工食物一样，人类又在烹饪的文明化过程中向前迈了一步。这一步不同于孟子以"君子远庖厨"来实现的眼不见为净，而是通过德性的教化，显示人类的饮食已经弃绝了内在的野性，不仅仅"食不厌精，脍不厌细"，让食品变得更像艺术品，而且让整个用餐过程被礼节仪式所包围，甚至让食物不那么关注口舌之欲。亚里士多德的"行为优良"幸福观准则要求烹饪饮食在优裕的条件下优先做出符合"至善"的行为，而烹饪的"至善"包括多种德性，比如尽可能不杀生、尽可能不食荤腥、尽可能让用餐者感觉不到杀戮……

13 透过现象看懂西餐的本质了吗

　　西餐做起来其实是不难的，但是有一个问题，烹饪者理解或者说了解用餐者的真正需求吗？这个东西就是形而上，"外师造化，中得心源"，你不能只学做菜，可能还要受点艺术方面的熏陶，特别是受西方绘画艺术的影响。在西方，绘画的教育很普及。其实，中国画也不差，但估计中学美术教师不会对学生讲授绘画理论。美术教育是需要有理论的，否则审美观难以提高。如果不知道什么构图才是美的，不仅不会作画，恐怕连给菜肴摆盘也不行。意大利文艺复兴时期涌现了多位艺术大师，如达·芬奇、米开朗琪罗、拉斐尔三杰都是佛罗伦萨画派的，而提香、乔尔达内两人则是威尼斯画派的。他们的绘画都属于西方古典艺术的范畴。谈及西方的现代艺术，则要说到法国19世纪下半叶的印象派画家，莫奈与雷诺阿都是印象派的重要画家。这里顺带介绍一下印象派的形成。莫奈的《印

《印象·日出》(〔法〕莫奈 1872 年绘，巴黎玛摩丹美术馆藏)

象·日出》非常有名，印象派就出自这幅画名中的"印象"字。莫奈和雷诺阿所处的绘画时期叫前期印象。有前期就有后期，后期印象派的代表人物是法国普罗旺斯的保罗·塞尚，被称为现代绘画之父。前期印象派特别注重的是光影的应用，那么后期呢，特别强调色彩的搭配、简洁的构图等。这些东西毋庸置疑是与西餐的摆盘有关系的。

《苹果篮》(〔法〕塞尚 1895 年绘，芝加哥艺术学院藏）

14 饮食不仅仅在于吃喝

西方人对待餐饮，和中国人的理解方式不太一样。我们选择去哪里吃饭，通常的想法是哪家味道做得好，那咱们去。他们不一定这么想，他们首先要觉得这个地方好，环境、氛围、餐具、服务、人群等相对重要，菜的味道倒是其次的。吃的东西可以非常简单，汉堡加啤酒就可以了。他们在口味上不太讲究，只要差不多是自己熟悉的东西就行，而餐厅的格调、服务和环境，

晚餐会

一定要和自己搭调。笔者讲课时的住所在静安寺附近的一条小路上，每到夜晚出门，发现寓所大门边的几个西餐馆、酒吧挤满了外国人，餐厅里面很少有中国人。如果餐厅的座位坐满了，有几个外国人情愿席地而坐，也不愿去马路对面空空如也的本帮菜餐馆。他们对吃什么真的无所谓，只要坐在合适的地方就很开心。外国人认为中国菜都一个味，能够接受中餐的觉得什么东西都好吃。我在国外的时候，看到过一个外国人在中餐馆点菜真的叫有趣。可能他觉得中国的饺子最好吃，于是他一个人点了一盘煮饺子，又点了一盘煎饺子，一口煮饺子，再一口煎饺子……外国人对中餐的理解可能就是这个样子的。

西式宴饮上，食品和酒尽管非常重要，但实际上仅是陪衬。宴会的核心在于交谊，通过与邻座客人之间的交谈，达到交谊的目的。大多数西方人，特别是英美系的，对口味并无特别高的讲究。大家透过现象看懂西餐本质了吗？形式上的美观、精神上的愉悦，这个就是形而上学。

位于上海万科中心的 "Rêve Kitchen 法式创意料理" 包房

所以，饮食在西方人的心目中不仅仅是吃喝。"饮食"是我们中国的词汇，我们的理解就是吃和喝，但在西方它不是。

15 就餐气氛反映国民的整体个性

西方人还将饮食赋予哲学意义，认为个人饮食应该符合各自的教养和社会地位，然后把同桌共餐视为一种联络感情、广交朋友的高雅乐趣和享受。

吃的口味不太讲究，但对用餐礼仪却是非常讲究的。如果大家有机会去国外旅游的话，进餐馆用餐，注意西方人的这个特点。某位西方作家曾经说过，如果你恰巧在一家意面馆外面，听到有稀里哗啦吃面的声音，就说明有中国人在里面吃面。这是说中国人按照自己传统的乡土习惯，喜欢把面条吸进嘴里，觉得这是一种享受。但是在西方人的餐馆最好不要发出这种声音，因为发出这种声音，一则非常不礼貌，二则的确影响旁人。

西餐要求任何成品菜肴里的东西都是可以吃进去的，这是对菜肴的基本要求。据说因车祸身亡的英国戴安娜王妃生前遭遇过令她窘迫的事情，居然菜肴里面有硬的东西要吐出来，但是她又觉得吐出来非常不雅，所以脸憋得通红，不知道如何是好，咽么咽不下去，吐么吐不出来。西方人觉得吃到嘴里的东西再吐出来，是不雅观、不礼貌的，没有一边吃东西、一边往桌子上吐东西的行为。所以我们在学习西餐烹饪的阶段，特别要求的就是把这些不能吃的东西，例如，骨头、刺、壳等东西都去除干净。倘如碰到类似王妃这种人物的话，多半羞于当众张口把吃在嘴里的食物吐出来，这不是近乎要她们的命吗？

还有喝汤的声音，是不适宜在餐桌上大声发出的。别人在轻声聊天，你若大口喝汤发出声响，是非常不礼貌的。至于舀汤，是应该用勺子轻轻从里往外舀，还是应该从外往里舀？这里面有"英法之争"，我们从中可以学到他们的行为逻辑。英式"吃里扒外"和法式"吃外扒里"的争议点，主要是对汤匙的"表"和"里"看法不同。英国视汤匙凹处为"表"，法国认为凸面才是"表"。而他们的共通点是，汤匙的"里"要朝自己，"表"要朝对方，才不失礼。因此，英式的表朝外的话，汤就得从自己的方向朝外舀，而法式就得从外朝自己的方向舀。接近喝完，快到盆底的时候，若把盆子提起来倾斜，倾斜的方向应往桌子中央，而不应往自己这边，这又和我们的传统理解不一样。因为如果你往自己身体那个方向倾斜，一不小心，汤就会倒在自己的身上。

舀汤的正确姿势

因为由此可见，无论哪一种方式，出发点都是为了不失礼。这个细腻的心思是我们需要学习的。（参见《正确舀汤方向究竟是朝内或向外？——汤碗里的英法之战》，https://www.storm.mg/lifestyle/70049？page=1）

再比如面包需要涂抹黄油。绝对不能直接把黄油涂在或夹在整个面包上，然后拿起来咬，而应该用手扯下一块面包，沾着黄油放进嘴里面。因为西方人认为既然有手、有刀叉，就不能直接咬，这个样子非常难看。再比如牛排或猪排，未经切分叉起来放在嘴里咬也是极不雅观的。一定是使用刀叉把要吃的部分先切下来。简单介绍一下牛排的切法。有些人觉得不太好切。请注意，应该吃多少切多少，不是说上来一块牛排，你把它全都切开后吃。如果不太好切的话，要记住，把刀沿着叉的边缘切下去。刀靠近叉子，比较好用力。

西餐的就餐气氛是优雅的，是从容不迫的。就餐气氛从某种程度反映国民的整体个性，这句话还是有相当道理的。

16 有陋习就会受鄙视

笔者有一次去墨尔本的企鹅岛游玩，赏玩的项目是企鹅归巢。看到海滩上有一块立牌，用中文写着：不要大声喧哗，不要随地吐痰。全是中文写的，没有英文的啊。作为中国人，甚感汗颜。比较一下国内外的用餐礼仪，我们应该有所感悟。

在餐馆里，不注重用餐礼仪，服务生会对你冷眼相待。中国传统中，也十分讲究用餐礼仪的，但文人士大夫的好习惯好像并没有传习下来。现代用餐文明其实是西方人带给我们的。有好东西就要学习。这样一个形而上是西餐最讲究的东西，也是我们每个人都应该学习的东西。

叙述至此，不由想起少年时代的一件往事。我是"文革"之后第一批考进重点中学的。在我考中学之前，上海还没恢复重点中学，也没恢复高考，正好轮到我开始全面拨乱反正。在重点中学上学，和前辈学兄、学姐上中学的概念不一样，以前中学就在家附近，走路就可以上下课。当时我考进的上海市第六十一中学（民立中学）距离自己家有半小时的步行路程，每天从家长那里领一毛钱，乘公交车来回。一次，有一位同学对我讲："乘车要5分钱，对吧？"然后他建议，我们把这5分钱省下，去威海路、茂名路口的饮食店买一个油馓子吃。又不差力气，半个小时的路可以走回去，买一个很经吃的点心，慢慢吃一路，不是很爽吗？我觉得他说得有道理，就用5分钱买了油馓子，和他一路走。之后差不多一个星期都是这样用步行换点心吃。

我们班主任是教英语的，他教我的英语我现在几乎都想不起来了，但他说了一句针对我的话，足够让我记住一辈子。班主任站在讲台前说："看到有同学边走路边吃东西。这位同学可能不知道，在我们老上海一边走路、一边吃东西的人是瘪三。"从此我再不一边走路一边吃东西了。"瘪三"这个词汇，哪里来的，怎么来的？是英文 beg sir 的音译吗？有兴趣的朋友，不妨自己去查一查。

在这里说一些基础的西餐礼仪，是希望可以让大家终身受用的。要做一个看上去有教养的文明人的样子，就是之前一直对大家讲的形而上。

17 西餐礼仪是由谁最先倡导的

西餐一般以刀叉为餐具，以面包为主食，多以长形桌台为台形，不同于我们中国的圆台面。西餐的主要特点是主料突出，形色美观，营养丰富，供应方便等。正规西餐应包括餐汤、前菜、主菜、餐后甜品及饮品。

现代西餐的用餐礼仪，到底是由谁最先创设的呢？我们有必要了解一位天赋异禀、才华横溢、卓有建树但也好大喜功、荒诞不经的法国国王——自号"太阳王"的路易十四，他俨然是天使与魔鬼的结合体。

路易十四身高不到1.6米，正因为个头矮，所以有些好东西是他发明的。比如说，女士现在穿的高跟鞋，据传就是路易十四发明了给自己穿的。不过分地讲，没有太阳王，我们今天可能就没

路易十四（1638—1715，〔法〕亚森特·里戈1701年绘，卢浮宫藏）

必要讨论西餐了。他是人类历史上对我们今天日常生活有着极大影响的人。他发明了太多的东西。我们现在讲究生活品质，去找源头的话可能有很多都会指向路易十四。路易十四太会享受了，不过他的享受对今天的我们来说显得稀松平常，因为现在的科技非常发达。但在当时，他的这些享受可是不得了的，甚至有一些事情是现代人也办不了的，比如说他去郊游一次巴黎，随行人员竟达一万人。试想，一个国王带偌大队伍在城市或城郊浩浩荡荡地游走，这对老百姓的影响有多大，耗费有多大？

称他为"人类历史上对我们今天日常生活有着极大影响的人，不是随便说说的"，兹举例如下：

你喜欢吃法式西餐是吧？他300年前吃过了；

你爱喷香水是吧？他300年前也喷过了；

你爱穿高跟鞋是吧？这是他300年前发明的（请注意路易十四的这幅画像，他脚上穿的便是高跟鞋）。

芭蕾舞的标准也是他创立制定的，有点出人意料吧？

路易十四还发明了一套用餐的规则。比如餐盘前面放一系列杯子，左边放叉，右边放刀和汤匙；为了方便进食，面包、黄油等从左侧供应，肉类从右侧端上。这套规则一直被西方人沿用至今。大家进西餐馆用餐，特别是在国外，以后不妨注意这个细节，看看是不是和笔者讲的一样。

路易十四为了让厨师们能够更好地施展厨艺，还举办了烹饪比赛，用竞赛来推动和刺激烹饪艺术的发展。就是大家现在所熟悉的蓝带比赛，后来有了蓝带厨艺学院，广受全世界厨师的推崇。

从路易十四起，欧洲厨师的地位大大提高了。人们觉得厨师开始受到尊重了，所谓"上有所好，下必甚焉"，大家都开始强调美食了。

法式西餐，说得比较长一点，从路易十四算起，也就300多年时间。路易十四之后的路易十五、路易十六又都被称为"饕餮之徒"，皇室和贵族均以品尝美酒佳肴为乐事。一大批著名厨师，制出了风味各殊、品种繁多的菜式，并且编写烹饪专著，诸如《法国烹饪》《法式糕点》。由于法国人率先编写了一大批烹饪图书，很快这些图书被各国奉为饮食经典，所以直到今天，世界各地大餐厅的菜单和菜谱，仍以法文名称为准。

大家都应该知道法国大革命，谁被送上了断头台？中学历史课讲过，是路易十六。

因为王室大肆挥霍，太讲究生活品质，太喜欢美食，根本就不顾民间疾苦，所以法国被弄得很穷，普通民众不得不揭竿而起。

高级西餐，我个人觉得其实是路易十四、路易十五他们发明的。文艺复兴之后的200年是筹备阶段，包括意大利佛罗伦萨美第奇家族的凯瑟琳公

《路易十六被处极刑》（〔德〕乔治·海因里希·西维金1793年绘）

主下嫁法王亨利二世（1547—1559年在位），也属于筹备工作。但是，高级西餐的发明造成民不聊生，也催发了法国大革命，这就是烹饪艺术一正一反

的两个作用。

从路易十四开始，早期法国菜开始逐渐形成。很多王亲贵族都研究烹饪，以获取蓝带大奖为荣。路易十四、路易十五、路易十六都喜欢奢华的烹饪，但当时法国的国力是不足以去支撑这么一种长期消耗的。所以法国大革命的起因多半与这三位国王的奢靡有关，但最后的承受者是路易十六，被送上断头台。

法国大革命，是人类历史上非常重要的一件事情。从法国大革命之后，很多国家的体制不再是君主制，而以共和国的形式出现。人类近现代史上很多重大事件都和法国有关，例如，巴黎公社，共产主义的初始传播；法国有一件著名的雕塑作品被运往美国，成为纽约的标志，或者说是美国的标志——自由女神像。

我们再梳理一下路易十四对后世的贡献吧。除了法式西餐、香水、高跟鞋、芭蕾舞、冰淇淋，现在的分餐制、西餐刀叉、汤匙、餐巾这些也全都是他发明的，外加一整套的用餐礼仪与规则。现代西餐文明离不开路易十四，离不开法国。

18　太阳王的另类伟大贡献

如果你觉得以上这些东西都还不太重要的话，那么笔者下面要说一下路易十四另一项伟大发明，这个发明对我们每个人都非常重要。那就是坐便器，现代抽水马桶的前身。

如果人类没有马桶的话，生活状态会是怎么样的呢？让我们穿越回去，到 16 世纪，看看比路易十四之前更早时候的欧洲是什么样的。这一点，如果诸位读过笔者前面提及的英国历史学家尼尔·弗格森所写的《文明》，心中就会有大致概念。

16 世纪或再前，在法国巴黎，你清晨走在街道上的时候，如果听到有人喊"水来了"，必须赶紧走开。因为你知道那是什么水？是尿水。这个尿水就是直接从楼顶的二楼或三楼倒下来的。亨利二世国王走在马路上，就

亨利二世（［法］弗朗索瓦·克卢埃绘，巴黎孔蒂博物馆藏）

曾经被尿水浇到自己的头上。国王当然很生气了，然后就奔到楼上去看到底是谁浇的啊，浇之前竟然没有叫"水来了"，胆子长毛了吧？结果登楼一看，是一名大学生。他的寓所既没有马桶，也没有厕所，而当时的大学生很金贵，国王只能自认倒霉，把他放过去了，并没有惩罚他。

大家可以设想一下，就这样一种境况，西餐能够发展到什么程度？我们不能用现代的眼光去看古代中世纪，300多年之前，路易十四和中国清朝的康熙大帝是同时期的人物，但两个人的生存环境是不一样的。如果满大街都臭气熏天，大家会对美食有怎么样的追求呢？所以笔者斗胆判断，香料当时之所以在欧洲这么吃香，不是为了制作美味，而是为了遮蔽臭味、提升食欲。路易十四认为自己发明坐便器是非常高级的，的确非常高级，后来再变成抽水马桶就更高级了。他可以坐在坐便器上，一边出恭一边和大臣讨论国家大事，并没有觉得有什么不好意思。所以你可以想象，这么讲究的一位国王都这样，老百姓又会怎样？古典法国菜会高级到什么程度？真不太敢判断。

正因为有了路易十四、路易十五、路易十六，烹饪被提高到一个前所未有的地位，厨师的地位在这个时候也变得非常高。大家可能听人讲过，在欧洲，厨师的地位非常高。要特别强调一下，这个专指近现代和当代法国，只有法国厨师的地位非常高，有些厨师甚至和音乐家、画家等艺术家处于同等地位。如果大家想了解更多的话，笔者建议大家去看两本书《人类的历史》与《人类的艺术》，是荷兰裔美国作家房龙写的。你可以了解到欧洲较早期一些艺术家的社会地位。之前笔者在提及古希腊的时候讲过，古希腊一些有钱有势的人，他们不是以吃什么东西、家里有什么物品来炫耀富贵的，更不是以土地、以房子来标榜的，而是比拼谁家的奴隶量多质高。在古希腊，教师也是奴隶，如果家里面有十几名教师，就说明属于非常富裕的阶层。教师都是奴隶，何况音乐家、画家呢，厨师和他们等量齐观又能如何？也是奴隶。即便文艺复兴之后的艺术家，包括我们所熟悉的音乐家、画家，也都是由国王或者教廷来供养的。比如说大家所熟悉的古典音乐之父巴赫，有时去抱教廷的大腿，有时去投靠欧洲某个国家的国王。是路易十四、路易十五、路易十六改变了烹饪家的历史地位，使他们第一次在社会地位上有机会与音乐家、画家平齐。

19 烹饪家的社会地位

叙述到这里，笔者想设问一下，世界上哪个国家在哪个时期，烹饪家的地位最高？是中国。时代呢？既不是春秋，也不是战国，而是比之更早1000多年的商代初期！

厨师的地位高到什么程度？是宰相、政治家。如右图这位伊尹，他是夏末商初人。《墨子·尚贤》曰："伊尹为有莘氏女师仆。"师仆即奴隶主贵族子弟的家庭教师，这可以和古希腊教育史上以教仆身份任奴隶主子弟的家庭教师相媲美。《列子·天瑞》载："伊尹生乎空桑。"空桑滨伊水，故以伊为氏。尹在甲骨文中象征权力者，为官名。伊尹本是有莘氏的陪嫁家奴，从而给商汤当厨师。他利用向商汤进献饮食的机会，向其分析天下大势。商汤大为欣赏，便除去伊尹奴籍，任为"阿衡"（亦称"保衡"，相当于宰相）。

伊尹像（〔清〕乾隆年间《历代名臣像解》）

《孟子·公孙丑下》说："汤之于伊尹，学焉而后臣之，故不劳而王。"可见伊尹又是中国第一个帝王之师。公元前 1600 年，伊尹辅佐商汤灭夏桀，商朝建立。据历史记载，伊尹活了一百岁，历事商朝商汤、外丙、仲壬、太甲、沃丁五代 50 余年。去世后，沃丁以天子之礼把伊尹安葬在商汤陵寝旁，以彰其贡献。在甲骨文中，有大乙（即商汤）和伊尹并祀的记载。

伊尹是历史上第一个用"以鼎调羹"理论佐天子治理国家的庖人（厨师）。他创立的"五味调和说"与"火候论"，至今仍是中国烹饪的不变之规。伊尹创中华割烹之术，开后世饮食之河，在中国烹饪文化史上占有重要地位，被中国烹饪界尊为"烹调之圣""烹饪始祖"和"厨圣"。

说句题外话，还有一个词汇与伊尹有关，即大家耳熟能详的近现代中国"革命"两个字，《易·革》："天地革而四时成，汤武革命，顺乎天而应乎人。"古代认为王者受命于天，改朝换代是天命变更，因称"革命"。伊尹辅助汤武革命，推翻了夏桀的暴政统治。从这个意义而言，伊尹还是"革命家"。

以前，物资匮乏的年代，人们往往将"吃肉"或"吃一顿好的"称作"打牙祭"。为什么呢？这个词是个方言，大概最早出自巴蜀（今川渝地区），其来源却在祭祀习俗。首先得说这个"祭"字，旧时逢年过节或遇初一、十五，须祭祀祖先、神祇，家里不论贫富，除香烛纸钱外，多少总要备些肉食点心之类，放置在案几之上作为供品，隔日便能自己享用。久而久之，"打牙祭"就成了偶尔吃上一顿好饭菜的代用语。还有一种说法，从事烹饪业者不可不知，就是每逢初一、十五，厨师专供祖师爷易牙，名曰"祷牙祭"，"祷"谐音"打"，于是乎讹传为"打牙祭"。

那么，易牙又是谁啊？说到易牙，和一个著名的历史人物齐桓公有关，他的名字叫姜小白，春秋五霸之一。齐桓公下面有两位著名的人物，管仲和鲍叔牙。他俩彼此志同道合，有着深厚友谊，管鲍之交可谓是莫逆之交。

易牙是历史上著名的阴谋家。当时的齐国，在管仲和鲍叔牙的联合治理下，成为春秋五霸中的第一霸，军事强大，经济发达，人民安居乐业。但齐国政治清明，是管仲在世的时候。管仲病危临终时，齐桓公去问管仲，谁可以接替其丞相之位来治理齐国，管仲推荐了鲍叔牙；然后又给齐桓公留下六个字，"亲君子，远小人"。

齐国富足之后，齐桓公某天对他的厨师易牙说，天下之物都已吃尽，只是未知婴儿的肉好不好吃。易牙听后二话不说，回到家就把自己的小孩杀掉了，然后做成肉羹，奉献给齐桓公。台湾有个著名的话剧，叫《自烹》，很多年前笔者在话剧院看过。自烹就是烹饪自己的孩子给国王去吃。齐桓公问病危中的管仲，公子开方、竖刁、易牙这三个人都非常爱自己，特别是敢于"自烹"的易牙，是否可堪一用？管仲反问，开方不爱自己的父母国家，他会爱你吗？易牙不爱自己的孩子，他会爱你吗？竖刁不爱自己的身体，他会爱你吗？但齐桓公并没有听从管仲遗言，反而宠信任用了开方、竖刁、易牙三个小人，结果造成了病重后被关在宫中活活饿死，这就是他不听管仲话的下场。

易牙这个人是厨师界的反面典型。可以看出当初厨师的地位有多高，以致能够主导一个国家的命运，那么为什么后来会越走越低呢？

关键在于要做好烹饪，仅仅靠手艺是不够的，还要有思想，要有文化来支持。没有文化底气的人是做不好烹饪的，更不可能成为烹饪家。

20 西餐的形式意味

什么是美？笔者前面叙述过形而上这个观点。著名的德裔美国哲学家、符号论美学代表人物之一的苏珊·朗格对美下过这样一个定义，她说，"美是有意味的形式"。

做西餐，美的形式比味道可能更重要。在中国，厨师的社会地位一般并不高，烹饪学校也往往没有把厨师当成艺术家培养，所教授的都是技能，而不是艺术。烹饪学校大多都是职业学校，而不是高等学府。发达国家的情况如何呢？可以举些例子，比如说美国。在美国你如果要去学习烹饪的话，最高学府是美国烹饪学院——Culinary Institute of America，简称 CIA（与中情局简称相同）。美国烹饪学院六年制，没有本科生这个概念，六年读完毕业后就是硕士。

在日本，所有大学艺术专业的一年级课程，一定有日式料理这门必修

纽约州达奇斯县海德帕克美国烹饪学院本部
（Pascal Auricht 摄，源自维基百科 1.0）

课。在西方发达国家（包括日本），烹饪至少是本科专业。所以从 CIA 毕业的厨师能够直接去白宫做菜。当然白宫对所有工作人员的文化水准是有基本要求的。

在西方，硕士毕业的学生照样做菜，人们不会觉得厨师的地位低。但中国就不是这样了，扬州大学烹饪专业毕业的硕士生肯去餐馆做菜吗？笔者想，长期以来中国厨师的地位被看轻，可能是因为孟子的一句话在起作用——君子远庖厨。

西餐，其实是形而上的东西，是一种意志，是一种观点。它考虑到人的各方面需求，不仅有味觉上的需求，还有形式上的需求、精神上的需求。西方人把用餐作为一种享受，这种享受不仅仅是口感上的，更需要一些气氛、一些交流。你可以把西餐看成一种文化活动，所以应该特别强调礼仪。做菜的时候，要想到自己做出来的菜必须符合西方人的用餐习惯，他们首先把用餐当成精神上的享受，文化层面上的元素更多一点。

21 西餐的精髓和儒学的人本主义精神

西餐有着极强的形式美感，仅这一点，西餐比较中餐不遑多让。然而西餐的精髓竟又和儒学的人本主义精神不谋而合。圣人言，食不厌精，脍不厌细。为何 2000 多年来，中国饮食在总体上并未沿着孔夫子指明的方向发展下去呢？看来，春秋，不仅是一个时代，还是一种行为准则。

现代西餐，没有做一大盆菜，让食客吃不下这种事情。比赛量多，比赛是否硬菜，是古罗马和中世纪时物资匮乏时的作为。在富足的时代，极简才是尊贵的体现。

罗马尼禄皇帝每顿吃到站不起来，并非因为他是大胃王，可以吃很多东西，而是担心自己不吃，东西就会被别人吃掉。而东西被别人吃掉，他作为皇帝的尊贵就得不到体现，所以他情愿边吃边吐，也不愿意把食物施舍给其他人。时代发展到今天，如果还比谁吃得多或浪费得多，只能说明这个人经济条件窘迫及思想境界低下。

这里不得不提一下最高级的烹饪艺术——怀石料理。

怀石料理

笔者个人认为，儒学的饮食思想其实在东方国家是有延续的，那便是在日本。日本有一种菜式叫怀石料理。这种菜式真的能够把中西餐的优点结合在一起，因为它既讲味道也讲形式。

反观上海传统本帮菜的主体——红烧菜肴，浓油赤酱一大盆，只讲味道，不管好看不好看。西餐呢，艺术化摆盘是基本要求，重形式，轻口味。但是在怀石料理里面，两者得到完美综合，既讲形式又讲味道。怀石料理的菜肴内容很简单，一盆菜可能是一片叶子、几粒豆子，像日本画家小原古邨（1877—1945）的花鸟画作品。它源于饥馑，却对饥馑年代的人们来讲不实惠。怀石料理以极简主义表现出对食物的挚爱，体现的是追求精致烹饪的精神。

《鹭鸶图》（〔日〕小原古邨绘）

第二章

吃什么和怎么吃

对公众最重要的事情

英国报业巨子诺斯克利夫勋爵（Lord Northcliffe）曾对手下记者说，下列四个题材一定会引起公众的兴趣：犯罪、爱情、金钱和食物。

首先说一下金钱。金钱虽然重要，但人类世界没有金钱照样可以生存，如一些原始部落，非洲的、南美洲的部落群体，可以像原始社会一样，不使用金钱，也能够繁衍生息。

再说一下爱情。没有爱情的繁殖行为，比如以前的包办婚姻，个人受生活所逼成为家庭的牺牲品，但这并不影响生活的继续。人类没有爱情也是可以生存的。

至于犯罪，大多数人会受到法律、道德和良知的约束，犯罪当然不是必需品。

那么能不能没有食物？没有食物肯定是不行的，是活不久的。可见，食物才是对人类最重要的事情。注意，这里说的是食物，不是烹饪，也不是饮食。对挣扎在生死线的穷人来讲，"有吃的"，比"吃什么"和"怎么吃"重要一万倍。

2 饮食是体现阶级差异性的指标

1000多年前，杜甫诗曰"朱门酒肉臭，路有冻死骨"。意思是豪门贵族的食物吃不了，都已经变质了，但是穷人却饿死在路上。13个世纪过去了，杜少陵所见，在今天世界各地仍然存在。笔者并非抱怨和控诉什么，只是说一个客观事实。我国虽然已经全面步入小康社会，但全世界长期处在饥馑状态的国家或地区仍有不少。比如，埃塞俄比亚、索马里等非洲国家的老百姓还经常挨饿，与他们讨论烹饪或者饮食文化有意义吗？

一个人今天如果仍在向别人显摆自己吃了什么，说明他经济上或许宽裕，但精神上未免贫乏。

笔者经常会碰到一些人，喜欢和别人谈论自己去过哪些高档场所，吃过哪些高档菜肴。这类言谈，前几年尤多听到，近来少了一些。不知大家注意过没有，若非餐饮界专业人士，喜欢谈论吃的人，往往是向往吃好东西的普通人。为什么心有所往呢？那是因为不易吃到，所以才忍不住夸耀。

老子说，"圣人欲不欲，不贵难得之货"（《道德经》第六十四章），意思是有道的人追求别人所不追求的，不稀罕难以得到的财货。

因为工作关系，笔者以前熟悉一些来自富庶国家和地区并且生活比较富裕的人。和他们交往多了，我注意到一个问题，他们不在乎吃什么而在乎不吃什么。那些有一定品位的、也有一定文化的精英人士，喜欢强调自己不吃什么东西。10多年前，我当IT记者那会儿，曾有一次受邀去上海南京路上的小南国吃午餐，请整个上海IT业记者们吃饭的是思科公司的大中华区总裁，一个香港人。整个午餐期间，这位仁兄只喝白水。别人问他是否胃口不好，是否少吃几口？他回答自己的午餐从来只喝水，不吃任何其他东西，数十年来如此。

不久前，笔者与一位曾经的老同事碰头，他如今在一家日本东京的电子公司做高管。刚碰头的时候喝咖啡，喝完咖啡后，我说到用晚餐时间了，不妨就近去旁边一家日本面馆吃面。他说好的。到面馆后，我让他点餐，他替我选了一碗最有日本腔调的面——月见乌冬面，而自己选了一碗牛肉拉面。月见面上来后，才发现碗内有整个生鸡蛋。他问我是否能接受，是不是要换？我说不用换。他的面上来后，他拿起筷子卷了一口，往嘴里面一送，吃完之后就不动筷子了。我说，你怎么不动了呢？他说对不起啊，每顿晚饭只吃这一口。不管什么面，筷子卷起来吃一口就结束了（也许在日本吃一碗面就这点量，

月见乌冬面

不像我们这里要照顾众多大胃王）。

所以在富足的时代，有个发现"尊贵"人士的方法——别去看他吃什么东西，而看他不吃什么东西。

3 烹饪隐藏着某种暧昧的效果

在远古时代，某个不可考的时候，有些人肯定掌握着比别人更多的资源、更多的食物。当一个人掌握着比别人更多的食物资源，大家可以去想象一下他接着最有可能做什么事情。首先呢，他觉得这些都是他的财物，当时没有冰箱，没法储存，所以要尽量消费掉这些东西，因为不消费掉会很亏。但是他吃很饱了，再吃吃不下怎么办？要么浪费，要么就让给穷人吃。德行稍微好一点的人，可能会想到还有穷人需要，就把残羹剩饭送给穷人去吃。这只是最初的情况。然后呢，他有可能会想到，是不是可以通过某种手段让食物变得更好吃？从而让自己吃得更多一点，拼命吃不太好吃的食物确实没什么乐趣可言。于是，烹调应运而生，带着某种暧昧的效果，成为暴饮暴食的始作俑者。

大家听说过始作俑者吗？语出《孟子·梁惠王上》："仲尼曰：'始作俑者，其无后乎。'为其象人而用之也。"俑是用来干嘛的？俑是用来陪葬的，比如兵马俑，是埋在地底下陪葬秦始皇的。"其无后乎"，孔子问，这个人难道是没有后代的吗？孔子的语气一向都是商量式的，说话并不绝对，让人挑不出毛病。孔子还说过，"人而无信，不知其可也"（《论语·为政》），意思是人要是不讲信用，不知道他还能做什么。孔子的语气就是这样的。"为其象人而用之也"，意思是因为它像人的样子而被使用。那么为什么像人的样子就不可以使用呢？因为孔子觉得，既然有用俑来陪葬的想法，那么以后就有可能造成用真人去陪葬。孔子认为"作俑"的行为里面隐藏着某种危险、残忍的思想苗头。

所以笔者才会讲，烹饪有可能是不好念头的始作俑者。因为烹调的"初心"并不见得是一种高尚行为，无非是把东西变得好吃，或者把东西变得复杂。当食物变成不像它原始状态的样子，究竟是好事还是坏事呢？真的很难遽下判断。

4 圣人欲不欲

在古希腊的黄金时代，雅典人的生活大概是这样的：用一块长方形的布围住身体作为主要服装，男人一袭白袍，女人可以适当佩戴一点首饰，但是在公众场合炫富被认为是愚蠢的行为，没有人穿袜子；食物以大麦饼、面包为主，加点蔬菜和鱼肉类，饭菜朴素简单，全家人聚在一起很快吃完，即使是饮宴，也以风趣的交谈和品味美酒为主，不会胡吃海塞、纵情狂饮，因为他们认为喝得酩酊大醉会遭人蔑视。古希腊人的房间很简朴，甚至富人都住土坯房子，里面的家具陈设也很少；至于出行的马车，那是会需要经常擦拭维护的，当然能不拥有就尽量不要了。但是，他们热爱干净，修饰整洁，非常注重审美。经常体育锻炼，以健美有力的身体为荣。去剧院看悲剧，或者听智者演讲，并参加辩论是生活的重要内容。总之，古希腊人的生活简单而理智，他们将日常生活所需压缩至最低程度，衣食住行尽可能简单，这样不仅不需要花时间和金钱去购买，也不需要日常的养护维修而形成繁重的家务。他们认为拥有太多的物品，会成为物品的奴隶，让生活变得不自由，也不能享受到真正有趣而令人满足的生活，所以他们对积攒财富并不热心，想得到身体和心灵的双重解放。

各位据此想起了老子所说的"圣人欲不欲，不贵难得之货"吗？

让我们穿越到苏格拉底时期的雅典，看一看他们是怎么生活的。首先，衣。所有的人都穿一模一样的白色袍子，印染业是不需要的。从衣着看不出尊卑。食，如果不讲究烹饪的话，所有东西都是简简单单的。因为雅典靠海，食物比较充足，海鲜煮熟之后捞出来，一个是味道不差，原汁原味，再一个大家每天都有充足的食物，可能对吃也就无所谓了，没啥好比的。住，都是普普通通的石头房子，大一点或小一点无所谓，一个人也就一张床的事情，平时的任何活动都可以到海边去进行，因为他们有很好的沙滩。

行，如果就在雅典这个地方也无所谓，你不需要忙碌，不需要赶来赶去，更不需要去建造豪宅，因为室内没有室外舒服。大家看看奥林匹亚宙斯神庙，它位于雅典卫城东南方500米，始建于公元前515年，但直到公元2世纪罗马哈德良皇帝统治时期才最终完成，是当时希腊规

奥林匹亚宙斯神庙遗址（Mywood摄，源自维基百科1.0）

模最大的神庙。据说原有104根列柱，目前仅存15根。一座祭祀统治世间万物至高无上天神宙斯的神庙，居然花了600多年工夫才建成，有点匪夷所思！这在中国历史上是从未有过的事情。

大家有没有想过，如果人类回到那个时代，未见得就不是好事！如果苏格拉底穿越至今的话，人类世界的发展肯定不是他预期的模样。

之前讲过，贤贤易色，用贤人的态度来对待贤人，如果你认为自己今后有可能是个贤人，而不是一个碌碌无为的人，那么应该有对待学问的态度，对文化应该怀着敬畏之心。这个关乎到大家的人生。笔者为什么经常把中国的国学和西餐文化结合在一起讲，目的就是要传输一种形而上的精神。人的内涵来自哪里？只能来自你的人文素养和文化认知。

5　烹饪发明了什么

（1）烹饪的革命源于火的发现

烹饪所指何意？是否一定与火相关？如果烹饪仅仅是指改变食物的形态和味道，那么烹饪的历史可能很长。

古罗马奥古斯都时代的"桂冠诗人"维吉尔发明过一个词汇，叫"地

《维吉尔为奥古斯都（屋大维）和屋大维娅朗读〈埃涅阿斯纪〉》〔法〕让·约瑟夫·泰拉森绘于1787年，伦敦国家美术馆藏）

煮"。他认为，耕作即是一种烹饪的形式，在烈日下曝晒泥土块，把土地变成烘烤种子的烤炉。如果这种说法成立的话，包括我们人类在内的许多动物，都擅长把食物嚼碎了吐出来，喂给婴儿或老弱者，以便后者摄食，那么将食物置于口腔中温热也好，咀嚼咬碎也好，也都应用到了某种食物加工过程。把食物放在水中漂一漂，是在加工处理食物，有些猴子在食用坚果前就会这么做。

除此之外，还有几种不同于用火加工食物的古老发明，比如把柠檬汁挤在牡蛎上，可以使牡蛎的质地口感和味道产生变化；把食物腌很久，就和加热或烟熏一样，也会使食物发生转化；把肉吊挂起来使其腐臭（熟成）或风干，是现在仍被广泛使用的肉类食物加工法，目的是改良肉的质地，使之易于消化或产生风味；有些游牧民族发明出了在漫长的行旅中，把肉块压在马鞍底下，利用马汗和体温把肉焖热焖烂，以便食用；搅拌牛奶可以制作奶油，使其由液体变成固体，由乳白色变成金黄色；发酵法则更为神奇，它可将乏味的主食化为琼浆玉液般的酒，让人喝了以后改变言行举止，摆脱压制，激发灵感。凡此种种转化食物的方法都是那么令人称奇，那么，为什么生火熟制这件事显得不同凡响呢？尽管我们不能把烹饪与生火牢牢捆绑在一起。

古代中国把野蛮部落依据其开化的程度区分为"生番"和"熟番"，所谓开化就是从蒙昧状态进入文明状态。这两个词汇，有着显而易见的与烹饪的关联性，生食者即为生番，熟食者即为熟番。西方主流社会在分类世人时也有类似的心态，西方古典文学总是把好吃生肉者和蛮荒、嗜血以及邪恶画上等号。

虽然人类何时开始用火烹饪我们不得而知，但却可以肯定，用火烹饪熟制食物是人类有史以来破天荒的科学革命和社会革命。

（2）烹饪的科学革命

人类经由实验和观察，发现烹饪能造成食物性质的变化，改变味道，使食物易于消化。肉是人体最好的蛋白质来源，只是生肉实在含有太多纤维，也太强韧。烧煮可以使得肌肉纤维中的蛋白质融化，使胶原变成凝胶状。如果直接用火烧烤，那么在肉汁逐渐浓缩时，肉的表面就会历经类似"焦糖化"的过程，因为蛋白质受热会凝结，蛋白质链中的氨基酸和脂肪中含有的天然糖分，就会产生"美拉德反应"（焦糖化反应）。淀粉是大多数人热量的来源。热度能够分解淀粉，释放一切淀粉中含有的糖分，但如果直接用火烧，能将淀粉中含有的糊精烧成棕色，这是代表食物已经制熟的颜色。

烹饪除了能使可食的东西更易被人体摄取，还能毁灭某些潜在食物中的毒素。对人类而言，这项可化毒为食的魔术尤其可贵，因为人类可以储存这些含有毒素的食物，不必害怕别的动物来抢，等到人类自己要食用前再加热消毒即可。比如，被非洲、南美不少国家当作主食的苦味木薯，是制作木薯粉的常见原料，含有氰酸，只要一餐的分量就可以把人毒死，但是苦味木薯经捣烂或磨碎、浸泡并加热等烹调程序处理以后，其毒素就会被分解。烹饪还能消灭大多数害虫。猪肉中常含有一种寄生虫，人吃下去后会得旋毛虫病，但加热制熟后再食用就会变得安然无虞。另外，以大火将食物彻底煮熟可以杀死沙门氏菌，高热则可杀死李斯特菌。

（3）烹饪的社会革命

中国古代传说，三皇之首的燧人氏发明了钻木取火，又被称为天皇、火祖。《韩非子·五蠹》："有圣人作，钻燧取火，以化腥臊，而民悦之，使王天下，号之曰燧人氏。"人类一旦学会掌控火，火就必然会把人群结合起来，因为生火护火需要群策群力。或可推测，早在人们用火烹饪以前，火也许早已成为社群的焦点，因为火还具有别的功能：火提供了光和温暖，保护人们不受害虫、野兽的侵扰。而烹饪让火又多了一项功能，使得火原

燧皇陵前燧人氏塑像（位于河南商丘古城西南３里处）

本就有的凝聚社会力量更加茁壮。它使进食成为众人定点定时共同从事的行为。在用火烹饪出现之前，进食这件事未必能结合社群；狩猎、猎杀动物和维护集体安全等共同行动固然激发了群体合作，然而猎取的兽肉却可以分配下去各自食用。直到火和食物结合在一起后，聚集性的生活焦点才沛然成形。用火烹饪赋予食物更大价值，这使得进食不再仅仅是吃东西那么简单，而增加了社交行为的可能性。从此以后，烹饪除了进食以外还可以变成和祭祀仪式有关的活动，将彼此竞争的个体转化为社群、族群。烹饪给人类带来了新的特殊功能、有福同享的乐趣以及责任。它比单单只是聚在一起吃东西更有创造力，更能促进社会关系的建立。烹饪甚至可以取代一起进食这个行为，成为促使社会结合的仪式。

火不只能烧煮，它还能把物质形式带进人类的节庆。烹饪改变了社会。生的食物一旦被煮熟，文化就从此时此地开始。人们围坐在营火旁吃东西，营火遂成为人们交流、聚会的地方。人们在果腹之余，希望这种美好生活得以持续，开始对神灵有所祈求，愿意拿出自己最好的东西祭献，以博得神灵的欢心。于是祭祀行为应运而生。《礼记·礼运》称："夫礼之初，始诸饮食。其燔黍捭豚，污尊而抔饮，蒉桴而土鼓，犹若可以致其敬于鬼神。"意思是说，祭礼起源于向神灵奉献食物，只要燔烧黍稷并用猪肉供神享食，凿地为穴当作水壶而用手捧水献神，敲击土鼓作乐，就能够把人们的祈愿与敬意传达给鬼神。

古代中国人烹煮用的鼎起源甚早，为饪食器的一种，有祭祀、煮食和飨宴等多种用途，但它多数不是直接的烹煮器，却是礼器中的主要食器。传说夏禹曾收九牧所贡之金铸九鼎于荆山之下，以象征九州，并在各鼎之

东周中期盘龙纹鼎（洛杉矶郡艺术博物馆藏）

上刻有各州的地理情况、贡赋定数，以及代表风物等。自从有了禹铸九鼎的传说，鼎就从一般的炊器而发展为传国重器，国灭则鼎迁。夏朝灭，商朝兴，九鼎迁于商都亳京；商朝灭，周朝兴，九鼎又迁于周都镐京。历商至周，都把定都或建立王朝称为"定鼎"。鼎被视为传国重器，是政权的象征。"鼎"字也被赋予"显赫""尊贵""盛大"等引申意义，如：一言九鼎、大名鼎鼎、鼎盛时期、鼎力相助，等等。

　　在东亚文化圈，仪式性餐食成为评量人生的尺度。有新生命诞生时，邻居亲友会赠送红色的饭或加了红豆的白饭作为贺礼；小孩满月或满周岁时，做爸妈的要摆酒宴请亲朋好友；新屋落成时，则得宴请邻居；另外还有红白喜事等各种仪式性的餐食活动。在古代中国的宴会，人们在餐食之余互相交换诗作、文章或乐谱；餐桌上座位的排放要体现宾客的身份地位；夹菜或敬酒要按尊卑、讲顺序。

　　圣餐是基督徒的重要礼仪。基督徒认为，圣餐的直接根据来自《圣经·新约》。《圣经》中记载，耶稣基督在被钉上十字架的前一晚，与十二门徒共进逾越节晚餐。圣餐的主要材料是无酵饼和葡萄酒（一些新教徒声称必须用葡萄制葡萄汁，而不可用葡萄酒，因酒是经过发酵制成的）。无酵饼用面粉加水烹制而成，不加酵粉或其他调味料（因为基督徒认为酵代表罪恶）无论人多人少，只做一个无酵饼（或刀切或手擘均无所谓），以此来代表会众是一体的。且只用一杯，代表同领一个杯。还有一些教徒认为，经祝圣后的饼和酒已经变成基督的身体和血液，是圣体、圣血。他们不再称呼其为饼和酒，所有的基督徒都认为圣餐是与主相遇，与众圣徒相交的重要活动，都是象征教会合一和教会与主的合一。从这点看，圣餐上有主的同在，进餐的目的并非饮食，而是救赎。

6 调味料起着根本性的作用

在现代烹调中，酱汁一般用来增味和提味。那些死守"原味"的人可能会嘲笑使用酱汁是为了遮掩低劣食材的味道，但他们只要拥有正常的味蕾，是不会排斥用盐、胡椒、柠檬等来调味的。而无论调味料还是酱汁，它们的作用除了烘托食物本身的味道以外，还有伪装虚饰的重要作用。火可以让进食者几乎认不出食物的原始状态，而调味可能早在人类学会用火烹饪之前，就已经被应用于遮蔽食物特别是荤腥类食物中的不良气味，让人类的进食行为与其他动物有所区分。广义地讲，水和空气都是调味料。把食物放在水中漂洗一下，其实也是在加工处理食物。用空

摩洛哥的香料店（〔荷〕多纳·雷斯科夫摄，源自维基百科3.0）

气来处理食物，被称为熟成，现在仍然被广泛应用于牛肉、奶酪的生产加工。牛肉熟成就是在保持牛肉新鲜质地的基础上，通过微生物的轻度发酵，赋予其更好的肉质和更丰富的滋味。牛乳或羊乳经过熟成即为奶酪。公元前2000年左右，采用凝乳酶制作的奶酪首次在阿拉伯地区出现。商人用牛或羊的胃制成水壶，灌入牛乳或羊乳，以备沙漠行程饮用。牛羊胃残存的凝乳酶加上沙漠高温以及路途颠簸，三者共同作用后使得液态乳凝固，成为奶酪。利用凝乳酶加工牛乳和羊乳，使其在保存过程中产生熟成的效果，风味会更胜一筹。调味（发酵）之于乳品，简直就像炼金术，使液体变成固体，使乳白变成金黄。

人们一旦把调味料或辛香料加入食物，便开始改造食物。把食物用盐腌很久，就像加热和烟熏一样，也会将食物转化。从某种意义上来讲，调味对食物的改造作用甚于火。在人类发现用火烧烤食物之前，一定会有生活在海边的猿人率先发现肉类食物或其他食物经海水漂洗后，海水中的盐分会让食物变得较为可口。

早期人类为了维持健康，从植物中摄取钾，从动物的肉和血液中摄取钠，钾和钠的摄取被天然地保持在一定的平衡状态。但是随着农业的出现，人们过度食用谷物类粮食，摄取了大量的钾，导致体内钾浓度增高，而钠被身体大量流失。因此农业社会的人们需要摄取盐分来补充身体需要的钠。于是，盐的分配成为人类社会的一项重要任务。在漫长的人类发展史上，因盐分缺失丢掉性命的平民不在少数。可见味觉是建立在生理需求上的，调味实在是一件性命攸关的事情。

在西方人看来，食物应尽量避免动物原来的样子，应加上调味料，加上烹调手法。所以笔者觉得在人类饮食文化中，比火更重要的是调味料。调味料可以让食物的味道变成不太像它原来的味道。即便是牡蛎，如果牡蛎不进行任何处理去吃的话，会尝到一股很浓重的腥臭味道，加上调味，你感受到的仅是一点点海腥，味道

生食牡蛎

却很鲜美。西方人的理解正是，生食牡蛎，让人感受大海的味道。

7 烹饪也应不忘初心

人们可能经常听到烹饪大师讲，做菜，好吃是硬道理。但笔者不认为好吃是硬道理。很多人所谓的硬道理，其实不都是硬道理。

西餐，强调一种形而上的东西，并不见得所有好吃的东西都可以进入西餐，因为有些东西哪怕再好吃，人家也可以不吃。如果从事有关西餐的工作，就难免要和西方人打交道，所以一定要了解西方人的传统思维。西方人的一些想法和我们有很大不同。比如澳大利亚前总理陆克文，他并不认为发展是硬道理。他说："人类发展这个事情啊，包括科技发展、工业发展可以尽量交给美国人和中国人去做。因为他们两个国家最想发展，我们国家不需要发展，我们国家现在很好，老百姓很安泰，还要发展到什么程度呢？"如果发展太快，人民跟不上节奏，会不会让犯罪率上升？为什么要让已经过得不错的人还像牛马一样辛勤劳作呢？人们为了挣钱、为了买房子，不得不拼命勤劳地去工作，而且很多人哪怕付出很大辛苦，可能一辈子都买不起一套房子。那么这种发展是好事情吗？在澳大利亚的南澳州发现了全世界最大的金矿，而且就在地表的表层，但是澳大利亚政府并不打算开采，为什么？陆克文说，应该把这些东西留给我们的子孙后代，我们国家现在的钱已经够多了，所有澳大利亚人几辈子都吃不完，我们不需要更多的钱，更多的钱也许只能用来扩充军备；我们也不需要什么大发展，这种事情交给美国人和中国人去做。

可以设想一下，如果苏格拉底现在还活在这个世界上的话，他最想问青年学生的可能是一个什么问题？他也许会问，不是为了高考，不是为了升学，不是为了养家糊口，不是为了挣钱，不是为了工作，不是为了买房子，不是为了娶媳妇，你们想去做什么事情？有的人认为赚钱最重要，但赚钱不是最终目的，赚钱只是一个过程，去赚钱是因为钱不够花，赚到钱后花钱才是你的最终目的吧？那么，你想把钱花在什么地方？苏格拉底真正要问的大概是人类社会的终极目的，这个问题值得我们每一个人深思。

职业学校的烹饪文化课堂，让笔者有机会去尝试苏格拉底式问答。因为是职业学校，大多数学生没有高考这个负担，也没有学位这个负担，那么，自然可以抛开高考、抛开学位的焦虑。如果不带任何功利的话，大家真正想学什么东西呢？仅仅烹饪吗？也许是，也许不是。

其实，大家不妨回到古希腊、回到雅典，去看看那个时候人们的生活。因为相对来讲，那时人们也衣食无忧，吃的东西都是有保障的，住的地方也是有保障的，工作是不需要去操心的，甚至可以不工作。不需要挣钱，不需要买房子，成功都不需要。那么你还想干吗呢？不就是思考人生嘛！所以，古希腊的哲学很发达。

关于学位的事情，哈佛大学终身教授、著名历史学家、美国最负盛名的中国问题观察家费正清（John King Fairbank，1907—1991）说过，建议把颁发博士学位的仪式放到产房里面去进行，即给刚养出来的婴儿颁发一张博士学位证书，然后接下来他就可以做自己想做的事情了；他不用再花二三十年的时间去弄博士证书，然后才去做自己想做的事情。大家有没有想过，生命的内涵是什么？笔者告诉大家，古希腊人的追求或许是怎样去享受生命，怎样去享受生活，所以呢，人类社会的诉求可能会归结到文化、艺术、体育等上面去，当然烹饪文化也应该有其位置。体育奥林匹克精神就是由希腊人发明创造的。想想最早的人类，想想苏格拉底、孔子、释迦牟尼，他们的想法触及人类社会的初心。

8 生食的文明性

眼下，在自诩现代的文化中，我们所说的生食在上桌以前已经过精心调理。因为"生"实为文化所塑造的概念，或至少是经文化修饰过的概念。人们一般在食用水果和某些蔬菜前，都不加以调理，且理所当然地认为，这些蔬果本就该生食，没有人会说这是生的苹果或生的草莓。只有碰到一般是煮熟了吃、但生食亦无妨的食物，我们才会特别指出这是生胡萝卜或生大蒜等。在绝大多数地方，生鲜上桌的鱼和肉实在太不寻常了，以致令人联想到颠覆和风险、野蛮与原始等弦外之音。

鞑靼牛肉

西方最经典的"生"肉菜肴是鞑靼牛肉。菜名中提到鞑靼，不禁令人联想到中世纪时生性凶猛的蒙古部族——鞑靼人（Tartarus）；而Tartarus（塔尔塔罗斯）正是古希腊神话传说中的地狱之神，这让欧洲人用来"恶魔化"蒙古敌人似乎再合适不过。

然而我们今日所知的这道菜却是经过精工细作的佳肴，肉被绞碎，变得又软、又烂、又细，色泽鲜丽。鞑靼牛肉在餐厅的调制过程往往被演化为一整套的桌边仪式，侍者一板一眼、行礼如仪，把各式各样添味的材料逐次拌进生的碎肉中，这些材料可能包括调味料、新鲜药草、青葱、洋葱嫩芽、酸豆、鳀鱼、腌渍胡椒粒、橄榄和生鸡蛋等。文明社会所认可的所有生肉、生鱼菜色，几乎都摒弃了其天然状态，味道都调得很重，并经过精心调理，好脱去它的野蛮本色。

"生"火腿要经过盐腌及烟熏；萨拉米要以优雅的手法切得薄如蝉翼，还得淋上橄榄油、洒点胡椒和帕玛森干酪，才能入口。

日本的寿司以生鱼为材料，鱼肉或者未经调味，或者只加了一点醋和姜，其主要成分却是熟米饭，有时会洒点烤芝麻。生鱼片绝对生鲜，需要经过悉心调理，如鱼片必须用利刃切得薄透纤美，摆盘务必高雅，附上刀工精到的配菜和精心调配的酱汁。如此一来，生食的状态反而令食者感觉到自己正在参与教化文明，与原始野蛮无干。

以上这些食物只是狭义上的或现代意义上的生食，大不同于食物真正天然的状态，因此我们想象中的原始人类祖先就算看到了，想必也认不出它们是什么了。人类开始用火煮食后，生食在世界上大部分地方似乎都成了罕见之事，但也并不绝对，比如西方沿海地区盛行的活吃牡蛎、中国江南地区盛行的炝活虾等。

所以饮食文化中火的应用是最大的突破，因为生火让食物的形态变成了不太像它原来的样子。为什么要让它不太像原来的样子？其实这个问题在西餐中涉及形态上的概念。各位同学以后做西餐时要想到这个问题，不要以中国人的思维去思考西方人。我们中国人喜欢象形，哪怕它原本不是活物也要象形成活物。例如素鸡、素鸭，明明是素食，却偏要把它说成鸡鸭。西方人没有这个概念。西方人希望荤菜最好不像原本的样子。这是一种"心理上的仁义"。其实，中国人和西方人一样，孟子讲过："见其生，不忍见其死。闻其声，不忍食其肉。"（《孟子·梁惠王上》）这是一种君子之道。

9 仪式性饮食

在很多文化中，饮食暗喻生命的转变。很多情况下，我们不是真的想去吃这个东西，而是为了某种礼仪，某种形而上，我们不得不去吃这个东西，比如形形色色的饭局。中国传统仪式性餐食包括：孩子满月或满周岁、乔迁或新屋落成、结婚、葬礼等。

小孩生出来满月、满周岁，父母一般要摆酒庆生。乔迁或新屋落成也要摆酒。婚礼、葬礼，就更要喝喜酒、吃豆腐饭等。我们发现，中国人的吃始终是和生命挂钩的，紧紧地挂在一起。

御饭，是一个日本词汇。意为：可敬的米饭啊。日本人把饭是当作可敬的东西，所以大家要理解，理解日本人的思维，日本人是带有崇拜的精神去对待一餐一饭的。

在印度社会，熟食关系

御饭

到种姓的纯净。印度的国教是印度教，印度教规定生的食物每一种种姓的人都可以碰。但是对于某些熟的食物，有的种姓可以碰，有的种姓不可以碰。至于对非印度教的外国人来说，能不能去碰，笔者尚未研究过。

10 烹饪是罪恶也是救赎

烹饪，的确可以让食物变得好吃。但食物变得好吃，就有可能产生罪恶感。为什么？

因为人的胃口，大体上差不多的。拼命地吃一样东西其实是没有快感的。让你不停地去吃水煮土豆，不限量，你能吃多少？

有了美食就不一样了。美食可能就造成手上有权的人、手上有钱的人，去暴饮暴食，然后让没钱的人饿死。这就是社会的高度不平衡。

美食造就了暴饮暴食和挥霍无度。胖子在古代甚至近代的社会地位与当代完全不同。一些原始部落、一些不太文明的国家，比如汤加，以胖为美。中国古代也是这样，唐朝以胖为美，越胖越美。还有非洲的大部分地区，大家去看毕加索的黑人时期作品，所有雕塑作品或绘画作品的女性都是没有腰的，丰乳肥臀，因为他们提倡生殖崇拜，以为胖的女性生育能力比较强。

太阳王路易十四，超级吃货，前面讲过，整套西餐礼仪都是他发明的，他要把"吃"这件事情当作毕生追求的事业。路易十四的婚礼，别人都在关注与婚礼有关的各种国家大事，但路易十四却痴心于吃，从头吃到底。路易十四有时一天用餐的时间能达到 22 个小时，剩下的时间只有去睡觉了。为了让厨师们能够更好地施展厨艺，百家斗艳，博采众长，路易十四还举办了烹饪比赛，用竞赛来推动和刺激烹饪业的发展，就是现在的蓝带奖（Cordon Bleu）。路易十四还发明了一套用餐规则，餐盘前面一系列的杯子，左边的叉和右边刀和勺，为了方便进食，面包黄油等从左侧供应，肉类从右侧端上等。由此可见，太阳王不光能吃也能干，他是现代西餐文明的奠基者。太阳王发明的一整套西餐礼仪让西方人从此以后在日常行为方式上看起来比东方人更文明。可惜，始于中国的 3000 多年前的周朝"燕礼"，早已被国人忘却了。

一个人文明不文明，是在一些生活细节上体现出来的。当然，西方人的饮食文明也不是一下子就形成的。最初肯定不是这样，因为罗马帝国之后西方人的主体是哥特人，是蛮族，是游牧民族。类似于中国，都是北方蛮族对相对比较文明的汉族大举入侵之后，形成民族融合。蛮族的审美情趣以及礼仪道德等，当然低于文明地域。西罗马帝国覆灭后，西方各蛮族王国的国王在审美情趣上当然是远远低于中国皇帝的，当时西方各主要国家的饮食文明和中国比起来，不是高和低的问题，而是有和没有的问题。

中国有一幅名画叫《清明上河图》。2010 年世博会，入中国馆参观，迎面扑入眼帘的就是那一长条巨幅画卷——《清明上河图》的仿制品。中国馆为什么要将整幅《清明上河图》放大进行演绎？因为这幅画是中国人非常拿得出手展示的。《清明上河图》描绘的是北宋时期的市井文化，是著名画家张择端画的。整个汴梁（今开封）街头景象所展现的文明程度是同时代的西方国家远远比不上的，那是公元 1000 年左右的时候。同时代的西方处于中世纪，仍然是相对野蛮的时期。普通老百姓住的房子并不是你想象中的由石头搭建，里面有壁炉的，因为那是极少数达官显贵才住得起的。老百姓住的是木板搭建的，类似窝棚的房子，里面同住的还有马牛羊等。城市里屎尿遍地只是小意思，可能到处还有病死、饿死的人。平民吃什么呢？通常是黑面包加一些煮熟的动物内脏杂碎。

反观《清明上河图》所展现的北宋都城东京汴梁的景象——汴河岸边、城市街边就分布着很多饮食小店。它们大部分是比较简单的瓦房样式，为便于采光及对顾客开放，通常墙体被打通，只以柱子承重。店面里外摆几套桌椅，为了增加经营面积，有些小店还搭建接檐，使用遮阳伞。有的店铺会在门口装饰彩旗、市招，并张贴菜单以招揽食客。也有注重装修的店家，不仅将店面内外布置得极为雅致，还注重品位。南宋吴自牧在《梦粱录》卷十六《茶肆》中记载："汴京熟食店，张挂名画，所以勾引观者，留连食客。"这些小店虽然价格实惠，但菜色、口味并不含糊，而且十分重视食品卫生安全。比吴自牧早生 100 多年的孟元老在《东京梦华录》第五卷描述：

"凡百所卖饮食之人，装鲜净盘合器皿，车檐动使，奇巧可爱，食味和羹，不敢草略。"

张择端把一家设置有彩楼欢门的酒店描绘得非常翔实。从画面看这家店十分豪华，楼上设有包厢，透过窗户可以看到包间里高朋满座。细看可以发现店内宾客喝酒的酒具十分讲究，酒器分为两部分：下面一部分叫注碗，盛开水；上部是酒壶，壶放在注碗里，这样的设置可以让酒保温，这种喝酒装备是宋代非常流行的"注子"。酒店门口的彩楼欢门上有彩球、彩带之类的装饰品。店门口挂了幌子和招牌，幌子上写着"孙羊店"，旁边的招牌上写着"正店"。招牌后面的屋子，堆着很多瓮，应该就是酿酒用的。所谓正店，有点像现代酒店评定的星级，意味着豪华大气上档次，而彼时东京有七十二家正店！

当时的河南和我们现在的河南不一样。河南是当时中国的中心。北宋有四个京城：东京、北京、南京、西京——东京汴梁是都城，就是现在的开封；北京大名府，今河北邯郸市大名县；南京是今天的商丘；西京是洛阳。

四大京城有三个在今天的河南省里面。金兵入侵之后，原来宋朝那些人，有钱的、有地位的、有文化的，大多随着宋高宗跑到江南来了。所以说，现在的河南人和当时的河南人不是一码事。人类学家讲过，中国其实经过多个朝代的民族大融合，百分之百的汉人从人种上来讲，恐怕一个也没有了。

前面提过，公元前 8 世纪至公元之交的数百年间，是人类文明的"轴心时期"。在这之前，人类面对洪荒世界挣扎，尚不具备处理复杂问题的能力，人类社会正在慢慢形成之中。而到了轴心时期，几个重要传统分别出现代表性的大思想家。按照年代来说，在印度出现了释迦牟尼，在中国出现了孔子，在希腊出现了苏格拉底，在犹太人的世界出现了耶稣。

下面让我们来了解一下这几位大思想家对饮食的解读。

释迦牟尼佛说娑婆世界的众生皆有"饮苦食毒"。饮食不但是维系生命的必要条件，也是损害身体，甚至让人丢掉性命的缘由。佛在《舍利弗问经》中说："诸婆罗门，不非时食，外道梵志，亦不邪食。"是故，佛制诸比丘弟子不可非时受食。也即俗称的过午不食。所以佛陀对饮食好坏并无要

清明上河图（局部）

公元 4 世纪笈多王朝的释迦牟尼佛像（印度鹿野苑博物馆藏）

求，和追随他的比丘，吃的都是从千家万户托钵求乞而来的食物，施主给什么就吃什么；乞不到食物还要挨饿。比丘是佛的弟子，当然要从佛乞法，但为什么要向俗人乞食呢？原因是比丘出家学法，一般不作治生产业，乞食不但可以省事修道，而且可以破除骄慢之心。由此可见，释迦牟尼对于饮食这件事，可谓随遇而安。

苏格拉底可以说是古代希腊哲学的一个分水岭。在他之前，古希腊的哲学家都偏重对宇宙起源和万物本体的研究，如泰勒斯、毕达哥拉斯等，对于人生并不多加注意。苏格拉底扩大了哲学研究的范围，他将哲学引到对人心灵的关注上来。苏格拉底一生未曾著述，却为世人创造了无数经典名言。其中最为经典的名言之一就是那句"别人为食而生存，我为生存而食"。一位医生跑来询问苏格拉底，说他吃任何东西都淡而无味，怎么办？苏格拉底说："你只需停止饮食就行了。"可见，苏格拉底虽然关注生命的价值，却也认为饮食之道与人类的心灵无关。

耶稣说："不要为那必坏的食物劳力，要为那存到永生的食物劳力，就是人子要赐给你们的。"食物对于人来说是非常重要的，因此人肯定会为食物劳力。但是耶稣的教导和《圣经》的教导是告诉基督徒不要贪心，有吃有喝就当知足。从耶稣的话语中可以看到，存到永生的食物才是宝贵的，人们当为存到永生的食物劳力，并且这存到永生的食物是人子耶稣基督所赐的。耶稣还主张禁食。

中华饮食文化理论奠基人孔子在《论语》中有关于饮食"二不厌、三适度、十不食"的论述。直至 2000 年后的今日，这仍具有极高的理论指导性。还有以味道治国的商代宰相伊尹将饮食的"色、香、味、形"与治国相融合，于是后来才有了"治大国若烹小鲜"之说。

人类文明"轴心时期"，释迦牟尼、苏格拉底、耶稣三位大思想家对饮食本身毫无追求，认为人应该节制肉身的欲望，解放灵魂，以唤起因肉体牵绊而被遗忘的其他东西。与他们相对应的是孔子甚至比孔子更早的中国先哲们，却认为饮食文化蕴含生存之道，所谓"饮食男女，人之大欲存焉"。主导商汤革命的伊尹有着他的本职工作——御厨。革命不

苏格拉底塑像（〔新西兰〕格雷格·奥伯恩摄，源自维基百科 3.0）

仅是他的首创，也是他的业余爱好。伊尹认为烹饪之道与治国之道相同，将饮食的"色、香、味、形"与治国相融合，并用"以鼎调羹"和"调和五味"等烹调方法来治理天下。这套理论比老子的"治大国若烹小鲜"早了 1000 多年。而后到了孔子，他是中国最早对烹饪标准有所设定的美食家。孔子以饮食来"修身"，如《论语·乡党》所述："食不厌精，脍不厌细。食饐而餲，鱼馁而肉败，不食。色恶，不食。臭恶，不食。失饪，不食。不时，不食。割不正，不食。不得其酱，不食。肉虽多，不使胜食气。唯酒无量，不及乱。沽酒市脯，不食。不撤姜食，不多食。"即：粮食不嫌舂得精，鱼和肉不嫌切得细；变质食物不吃；不新鲜食物不吃；肉类部位分割不合宜的不吃；蘸料与主菜不搭亦不吃；席上的肉虽多，但吃的量不应超过米面的量；酒没有限制，但不能喝醉。从市上买来的肉干和酒，不吃；每餐必须有姜，但也不要多吃。

🍂11 烹饪的极简主义与唯美主义——怀石料理

笔者曾经在餐桌上碰到过一个日本人，吃东西很奇怪。就是我们中国人

平时不吃的东西，他都吃。他把一个菜的辅料，包括姜片、葱段、蒜瓣、茴香、桂皮，甚至食用花、食用草，全都吃掉。这就是饮食文化的区别。日本人认为你既然上一道菜，里面所有的东西就都应该是可以吃的，而且他还特别喜欢吃姜片、葱段等。难怪中国专门发布了一个食用花草的名录，去除了有毒的花草。估计是为了防止日本食客食用装饰性的食用花草而中毒。

笔者倒是觉得日本人的这种表现，是为了追求"谋道不谋食"，不是对食物不讲究，而是非常讲究。这种精神来自怀石料理。

怀石料理原为日本茶道中，主人请客人品尝的饭菜。但现已不限于茶道，成为日本常见的高档菜色。

说到烹饪的精美，怀石料理或许是极致，这是日本传统的宫廷美食。每一道菜只有两三小片、少数小丁、几根嫩芽和花苞，比如一枚小小的蛋或三粒豆子，"一片雕花胡萝卜，一颗炒银杏果"，材料皆精心挑选，摆盘赏心悦目。心灵的享受，犹胜胃的满足。在这一传统的影响下，一顿饭既可以满足饕餮般的口腹之欲，也可以更加精致。优秀的日料大师或以肉质"像少女身上绽放的青春"为标准来挑选上桌的鱼，或主张用一块扁平的木头、石头来替代盛具。盛具上往往放有叶子，叶子自然象征着季节，就像俳句的基调。

清少纳言（约966—约1025）

味觉的美妙和低调，食欲的克制，食物的精致——至少从10世纪晚期起，这些就已经成为日本饮食的标准，日本平安时代女作家清少纳言便对人们狼吞虎咽地吃米饭的方式产生了反感。她最喜欢的菜是鸭蛋和"银碗中用甘葛糖浆调味的刨冰"。由此可见，怀石料理背后的美学似乎可以追溯到那个时代。清少纳言凭着自己敏锐而纤细的感觉，用文字留存了眼前掠过的一些美好的形象，营造了一个清纯诗意的世界，丝丝缕缕，星星点点，轻如涟漪，淡如微云："春天是破晓的时候最好。夏天是夜里最好。冬天是早晨最好。""（春天）渐渐发白的山顶，有点亮了起来，紫色的云彩微细地飘横在那里。""（夏天）许多萤火虫到处飞着，或只有一两个发出微光点点。""（秋天）乌鸦都要归巢去了，三四只一起，两三只一起急匆匆地飞去了……而且更有大雁排成行列飞去，随后越看去变得越小了。"大自然那清淡的景象，被清少纳言淡淡的几笔描写得如此优雅，这些优雅的文字如今成了怀石料理的创意来源。

怀石料理的起源说法多种多样，大家最普遍接受的就是日本高僧修行时为了抵御饥饿而将温暖的石头放在自己的怀中的说法。所谓"怀石"，还有一种说法是源于《道德经》中的"是以圣人被褐怀玉"，意为圣人应该衣着朴素破旧而内心如怀玉一般高洁，这与日本茶道中"侘寂美"的外表粗糙、内在完美大同小异。

怀石料理最初作为一种简单精巧的茶点而呈现，以避免在茶道中空腹喝茶感到不适，所以侘寂美与怀石料理可以说皆出于茶道。在 14 世纪茶道只是被富有的贵族采用，而后千利休大师将茶道进行革新。他在侍奉丰臣秀吉的 10 年中，茶道境界不断提升，并将茶道进行改良，从而对日本文化产生了深远的影响。千利休提出了一种新的茶道方式，即可以在小的茶屋中进行，所用茶具也出自本地的工匠之手。千利休的这种茶道仪式征服了不富裕的民众们，成为著名的侘茶道。而怀石料理也随之发展为被大众所接受的脱离茶餐范畴的一种烹饪形式。

怀石料理讲究简单精致，其形式为"一汁三菜"，所有的食物都盛在单份的小碟子或碗里。这种吃法既不新鲜也不时

怀石料理的"一汁三菜"

髦，既不随意也不高端。汁通常是味噌汤的变体，三道配菜通常由一道蛋白类菜肴和两道蔬菜类菜肴组成。而如今随着发展革新，怀石料理逐渐跳出精简，而将"简"发展为一种繁琐的讲究。怀石料理的现代菜肴，其主要食材往往经过伪装，有时由豆腐或红豆沙制成，仿作其他东西的模样。

今天，当一些文化程度较高的日本人从他们的食物中获得审美和禁欲的乐趣时，就会对不雅饮食的入侵感到沮丧。他们批评搬运工或小贩，不知道"从乌冬面的清汤里升向天空的一团团蒸气"象征的意义，把面条塞进嘴里，咕嘟咕嘟地喝着汤，然后赶着回去工作。这似乎与清少纳言对人狼吞虎咽地吃饭喝汤这种"真正奇怪"的方式的反感直接相关。但如果没有它的对立面，怀石料理的传统也将毫无意义。

12 圣人被褐怀玉

"怀石"指的是"怀玉"，出自《老子》第七十章："知我者希，则我者贵，是以圣人被褐怀玉。"

圣人也许其貌不扬，穿得不讲究，吃得也不讲究，看起来是一个非常普通的人，但实际上却是非常有思想、有内涵的，境界很高的一个人。怀玉，就是指有内涵。怀石料理来源于此。美食不是自虐，不是于食物本身下饕餮的功夫。

怎么样去吃东西？回到这一章的主题。美食，也是自律！不少国人喜欢大吃大喝——大吃之后，肚子很难受；喝得酩酊大醉，胃里翻江倒海，头又是昏昏沉沉的，嘴上语无伦次。这是笔者不能赞同的。

中国人大吃大喝，还喜欢上硬菜，但日式料理里面，特别是怀石料理，没什么硬菜，你感到不舒服了吗？怀石料理，都是一点点东西。一盆菜像一幅画一样，一片片叶子、一粒粒豆子都是精心加工的，很精致。

金庸在武侠小说《射雕英雄传》里描述，黄蓉为了让丐帮帮主洪七公教授郭靖武艺，答应每天翻着花样给洪七公做菜。一开始说一些名贵菜的菜名，洪七公并未在意，但说到大白菜，洪七公开始流口水了。因为把一片菜叶，做得非常好吃，才是厨艺绝学。用高级的食材，把菜做好吃，一点都不稀奇，但若把一片菜叶子、一块豆腐、几粒豆子，做得非常好吃，就很不容易了。

很多时候，我们在吃什么或者怎么吃上都是随波逐流的。

大家有没有这样的体会，哪怕是吃一顿餐或者在用餐中的某些时段，我们都是身不由己的。很多饭局其实不想去，甚至毫无胃口，但是被别人逼着去。我们在吃一样东西的时候，其实未见得真的想吃，因为看人家都在吃，所以我们不自觉地也吃。人家喝奶茶我们也去跟着喝，未见得真的喜欢喝奶茶。在家里或亲戚家吃年夜饭，吃到吃不动，家长或者其他亲朋还在逼着你吃，"多吃点，多吃点"。其实，为啥要多吃点？"多吃点"是硬道理吗？这个多吃下去的东西是负担，不仅无效，而且有害！

笔者觉得我们中国的餐饮真的应该好好向日本怀石料理学学，学学人家是怎么对待食物的。不善待食物，还谈什么厨艺？

世界上有很多人是吃不饱的，怎么可以这么浪费？浪费是可耻的行为，这是文明社会人们的共识。西方人点餐一般不会点太多，用餐后吃不完，也习惯性打包；很多中国人去餐馆请客吃饭，都会点很多东西，点完之后经常吃一半走人，其实吃不掉的应该全部打包。

"锄禾日当午，汗滴禾下土；谁知盘中餐，粒粒皆辛苦。"这首诗大家都背得滚瓜烂熟，但自己又是怎么去做的呢？虽然笔者前面探讨的主题都是吃什么和怎么吃，但其实怎么吃比吃什么更重要。君子谋道不谋食，要记住这一点。

笔者刚才讲到怀石料理，讲到日本了，大家可能以为我要对日本赞赏有加。这里说清楚，我赞赏的是怀石料理，是以老子思想为基础的怀石料理，而并不赞赏日本所有的饮食之道。他们吃得少，并不等于节约。据统计，每个日本人平均每天浪费一碗饭。为什么？因为日本人追求极致，认为东西不对了，就扔掉，不仅普通家庭扔，餐馆也扔。我认识的厨师，有在日本快餐馆工作的，比如食其家、吉野家等。他们有讲究的，所有东西上面都写着有效期，包括切配好的葱花、姜片、醋、酱油、味噌等，有效期一过立刻扔掉。中国人不会这样吧？中国人做事情凭感觉的，感觉这个葱花虽然过了标识的有效期，但看起来没什么问题就不会扔。日本人呢，时间一到，不管三七二十一全都扔掉，所以他们的浪费是很惊人的。当然守规矩也有守规矩的好处，至少食品安全是有相当保证的。

笔者不说哪个地方好，也不说哪个地方坏，反正大家了解这个情况就可以。餐饮习惯反映民族特点。日本人做事情非常认真，绝不会说差不多就行了，所以日本足球上去了，而中国足球还是"一地鸡毛"。

13 如何调节过度和节俭这两个概念

西餐一开始的时候是大吃大喝，以古罗马皇帝尼禄为代表，吃到站不起来也要吃。餐饮经过一段时间的发展，一旦告别饥馑的年代，大吃大喝在西方就不受推崇了。无论在精神层面，还是在物质层面，大家觉得这都是错误的。那么对有钱者和有闲者而言，该去追求什么饮食之道呢？

有三种方法可以调节过度和节俭这两个概念。一、精挑细选奇珍异食；二、精心调制数量不多的食物；三、精心布置用餐环境及餐具。

第一种，大多数人吃不到真正的山珍海味，很有钱可能也吃不到。第二种，精心调制数量不多的食物，类似之前讲的怀石料理。西餐中唯一有点怀石料理的意味的，是法餐中的新饮食运动。第三种，精心布置用餐环境及餐具，之前已经讲过由路易十四发明的全套西餐用餐礼仪。这方面中餐虽然也有，但大多数场合不太讲究。

怀石料理"不以香气诱人，更以神思为境"。感觉用餐是去欣赏一场演出、一个展览会，而不是寻常吃个饭的感觉。制作怀石料理的厨师，是艺术家，是画家，甚至可能是一位哲学家，让你从这里面去悟道，去体会他的禅思。怀石料理限于以一年四季应季的食材制定菜单，在重视季节感的同时，最大限度地利用食材的色泽、香气和味道。哪怕是一条切下来的碎片，也绝不浪费。适当地烫或冷却盛装的器皿，让客人热菜可以趁热吃，凉菜可以趁凉吃。服务人员非常重视体贴关怀的提供方式，也非常珍惜菜上到客人之前的时间。

　　张择端画《清明上河图》的时候，是西方人中世纪的中期，公元1000年左右。其实，单就餐饮而言，西方中世纪还是有一定贡献的，因为在之前的古罗马时代，人们推崇的餐饮活动与烹饪术的好坏几乎没有关系。

　　下面这幅《埃拉加巴卢斯的玫瑰》绘于1888年，作者劳伦斯·阿尔玛－塔德玛（Lawrence Alma-Tadema，1836—1912）爵士，是英国维多利亚时代的知名画家、古典主义的代表人物之一，不过他并不是英国人，而是出生在荷兰，艺术生涯始于安特卫普的美术学院，作品以豪华描绘古代世界（中世纪前）而闻名。埃拉加巴卢斯（Elagabalus，218—222年在位）是罗马帝国塞维鲁王朝皇帝，一个寿命短、统治期也短的君王，被历史记载为一个政治腐败、残忍，并穷奢极欲的昏君。作品描述了埃拉加巴卢斯的一个表面娱乐大众而实质十分诡异的画面：年轻的罗马皇帝正在举办一场宴会，一群食客在宴会上，被从天花板上飘落的粉色玫瑰花瓣所淹没；埃拉加巴卢斯身穿金色丝绸长袍，头戴皇冠，与其他戴花环的客人，在他们身后的平台上观看这一奇观。背景中，在大理石柱旁，一名身穿豹皮的女子吹奏着阿夫洛斯管，是酒神狂女迈那得斯。在背后远处的山前，有一尊酒神狄俄尼索斯的青铜雕像。

《埃拉加巴卢斯的玫瑰》（〔英〕劳伦斯·阿尔玛－塔德玛绘）

曼图亚公爵府婚礼堂壁画（局部）

埃拉加巴卢斯嗜好的不是烹饪术而是烹饪的行为艺术，比如：一、鹅肝喂狗；二、豌豆镶金边；三、扁豆嵌玛瑙；四、豆子拌琥珀；五、珍珠点缀的鱼徜徉在蓝色酱汁中。

进入中世纪之后的神圣罗马帝国在烹饪行为艺术上也不遑多让。1561年曼图亚公爵的婚宴，公爵的厨师竟为他烹制了镀金狮子状的鹿肉馅饼、能够直立的黑鹰馅饼和插着孔雀羽毛的孔雀肉馅饼。

14 当烹饪由苦役变为艺术

首先交代一下西方世界是怎么进入中世纪的。

进入5世纪之后，罗马帝国已经处在风雨飘摇之中，在地方民众起义的打击下更加衰微。在此过程中，帝国边境的蛮族也相继入侵。395年，西哥特人在其国王亚拉里克（Alaricus，395—410年在位）的率领下向西进发，横扫马其顿和希腊，迫使东罗马皇帝任命其为伊利里亚（今巴尔干半岛西北部）地区的总督。此后亚拉里克从伊利里亚出发，越过阿尔卑斯山，进入意大利，403年于波罗尼亚之役被罗马所败。408年，亚拉里克再次越过阿尔卑斯山，沿亚得里亚海岸南下，围困罗马城，迫使西罗马当局求和，交出黄金5000磅和白银3万磅。亚拉里克率军撤围，但并未退出意大利，而是移师北上，包围了拉韦纳，要求割让行省。这一要求被拒绝后，亚拉里克于410年挥戈南下再次包围罗马城。意大利4万名奴隶参加了西哥特人的队伍，城内的奴隶和下层自由民也发动了起义。8月24日（一说14日）午夜，城内奴隶打开城门，千年从未陷于敌手的所谓"永恒之城"就此陷落。至此，不可一世的罗马帝国覆灭了，西方世界进入中世纪。

蛮族入侵之后，把罗马很多传统的东西全都颠覆掉了，过去的帝王将

相、王公贵族或被杀戮或被驱
逐，也有流亡他乡的，总之传
统意义上的罗马贵族几乎消亡
殆尽。

　　由蛮族入主的中世纪西方
社会普遍被视作黑暗社会，但
笔者认为并不这么绝对。刚进
入罗马的统治阶层虽然野蛮，
但他们都是劳苦出身，穷人不
歧视穷人，这个应该能够理解
的吧。于是，原来处在社会最
底层的厨师开始受到尊敬，烹

《亚拉里克洗劫罗马》（〔俄〕卡尔·布留洛夫绘）

饪术从此走向康庄大道。为什么这么说呢？大家想一下，厨师的身份如果
是奴隶的话，他怎么可能动脑筋去开发菜品？所以在罗马帝国，贵族若想
享受食物的话，要么暴饮暴食，要么挖空心思去探寻奇珍异宝。要厨师去
动脑筋开发，一则奴隶主受限于知识面提不出这种要求，二则厨师的主观
能动性很差。厨师是奴隶嘛！你叫我干啥我就干啥，主动为奴隶主去想一
些让他享受的事情，吃太饱撑得慌吗？

　　而厨师不是奴隶了，成为受到社会尊敬的人了，就有了主观能动性，
开始去研发，怎么样把菜品做得更好吃。首先是研究食谱，去研究一些前
人的东西，看看是否有价值，然后开发，再进一步发展。

　　那么，有没有前人留下的值得开发的菜品呢？有的。只是真正属于西
方世界的不多，大多数来自西方世界的死敌——东方的波斯帝国。

15 希波战争促成前所未有的东西方大融合

　　公元前 5 世纪，古代波斯帝国为了扩张版图而入侵希腊，战争以希腊
获胜，波斯战败而告结束。史称希波战争。这次战争对东西方经济与文化

绘于公元前 5 世纪的陶杯上的希波战争场景

的影响远大过于战争本身。希波战争是世界历史上第一次欧亚两洲大规模国际战争。这场战争前后持续了将近半个世纪，结果是希腊城邦国家和制度得以幸存下来，而波斯帝国却从此一蹶不振。希波战争中最为人称道的一次战役是马拉松会战，雅典军以少胜多，只有一百九十二人阵亡，而波斯军则损失了六千四百人。在马拉松大战获胜后，一位名叫斐力庇第斯的士兵跑回雅典报信，因为极速跑了 42.193 千米，报捷后便倒地身亡。而这亦是现代马拉松长跑的来源。

希波战争促成人类历史文化的一次前所未有的大融合，其影响远远超出波斯、希腊的范围。它大大加强了东西方文化交流，促进了东西方文化发展，也促进了科学、艺术的进步。它打破了东西方几乎完全隔绝的局面，从而推动人类社会发展的进步。这是希波战争最重要的影响。希腊在希波战争中取胜，使得古代世界的中心由两河流域向地中海地区推移，希腊文明得以保存并发扬光大，成为日后西方文明的基础。希腊人在战争中的胜利首先归因于战争对他们而言所具有的正义性，从而激发起他们的巨大爱国热情，促使各城邦内部和各城邦之间紧密团结。希腊人维护了国家的独立，并为经济、政治、社会和文化的进一步发展创造了条件。战争进程和结局对雅典城邦制度的发展和雅典的对外扩张影响尤深，促进了雅典民主政治制度的发展。希波战争所造成的希腊政治格局，对于后来希腊历史乃至世界历史的发展都具有重大影响。

16 西方饮食对伊斯兰风格的吸收

事实上，西方的饮食风格一直在仿效其他文化。在古代，罗马诗人贺拉斯谴责上流阶级的饮膳之道为"波斯式"，希腊谚语也称之为"西西里式"。

罗马帝国衰亡后，人们对古希腊和古罗马烹饪的记忆逐渐模糊，西方宫廷转而向伊斯兰世界寻求烹饪灵感。这件事表面上看很奇怪，因为基督教文明和伊斯兰文明是对立的，形式上处于交战状态，彼此有不共戴天之仇。

第一次十字军东征（1096—1099）是由西方基督教世界所发起的一项军事行动，旨在收复以前被穆斯林占领的黎凡特圣地，最终以1099年十字军攻陷耶路撒冷收尾。后来，东征的目的逐渐演变为夺回圣地及耶路撒冷城，并将东方基督徒从穆斯林的统治下解放出来。第一次十字军东征是基督教徒对于穆斯林势力扩张的一次回应，其后的近200年内，第二次东征至第九次东征纷至沓来。同时，东征也间接重启了西罗马帝国灭亡以后衰落的国际贸易，东西方交流大量增加，使得西方走出中世纪并拓展希腊罗马的文化成为可能。

第一次十字军东征之"阿斯卡隆战役"（〔法〕让－维克多·施奈茨绘于1847年，凡尔赛宫藏）

在西方社会，阿拉伯世界的诸多文明成果都获得了赞许和仿效。10世纪时，西方人纷纷前往穆斯林统治的西班牙，去学习魔法、寻求医术和收集古代典籍。自从罗马帝国衰亡后，多亏了在叙利亚和阿拉伯从事研究的学者，大批不为西方所知的文献才会被保存在穆斯林治下的图书馆中。这些文献包括亚里士多德和托勒密的基础文稿，以及其他或可归类于"食品科学"的文献。

毫无疑问，在有关食物的科学写作上，伊斯兰世界表现得较优秀。因为烹饪在伊斯兰世界最初被看作是一种炼金术，可把基本材料化作奢侈品。当时的医学在很大意义上是饮食科学，虽然并没有什么预防药，但是人们已知道膳食营养对健康有益；医药和良好食物之间的区别并不明显，人们勤于观察，记录食物的医疗特性，并反映在实际的厨务中。科学、魔法和烹饪互相融合，彼此之间并无明确界限。

西方吸收的影响可分为三方面：餐桌审美、对奇珍异食的强调、偏好浓甜的口味。穆斯林宫廷食物的审美观与基督教艺术的审美观相似，偏好黄金和珠宝器具，顶尖厨师的目标就是要呼应这种审美观。根据 10 世纪一篇标题为《巴格达厨师》（*The Baghdad Cook*）的文献，厨师用番红花做出红玛瑙的效果，把糖做成钻石形状，肉则依色泽深浅分别切片，交错排列，"好像金银币"。基督教国家的神圣场所和祭坛点着浓浓的熏香，穆斯林的王室宴会厅的餐桌上则飘着浓浓的香精味：杏仁乳、杏仁碎、玫瑰露等都成为主要的食材。

神圣罗马皇帝查理五世的圣人宴会

根据巴格达医师阿卜杜勒·拉蒂夫·巴格达迪的描述，13 世纪初，烹调鸡肉、兔肉、猪肉、鸽肉和所有甜味炖煮菜品时，都会加杏仁。他建议禽肉还应加上马齿苋子、罂粟子或蔷薇果，下面垫压碎的榛果或开心果，用玫瑰露煮至凝结。珍贵的香料要在最后一刻加入提味，因其久煮之后会削弱风味。典型的宴客菜应有三只烤羊羔，羊腹中塞入用麻油煎炒过的肉块，佐以碎开心果、胡椒、姜、丁香、乳香、香菜、小豆蔻等香料，羊身淋上掺了麝香的玫瑰露；盛放烤羊的大盘空位应填充家禽、小鸟，鸟禽肚子里要塞入煎过的蛋或肉，并刷上葡萄汁或柠檬汁，鸟禽整个身体要用酥皮包裹，淋上玫瑰露，烘烤至呈"玫瑰红"。西方贵族餐桌上的若干美味，明显受穆斯林饮食的影响。比如，保留至今的一份英王理查二世的菜单中，有加了肉桂、丁香的杏仁糊煮小鸟，还有加杏仁乳煮软的玫瑰香米饭，饭里拌了腌鸡肉、肉桂、丁香、肉豆蔻，并掺了檀香。(参见《13世纪时，西方大规模出现食谱书，烹饪艺术成为这些书的素材》，https：//baijiahao.baidu.com/s？id=1677954182743463325）

17 文艺复兴运动奠定现代饮食基础

佛罗伦萨的洛伦佐·德·美第奇（1449—1492）是意大利文艺复兴高峰期的伟大领袖（〔意〕吉罗拉莫·马切蒂绘）

下面有必要详细介绍文艺复兴运动对西方饮食的根本性影响。

（1）人类历史上最伟大、最进步的变革

文艺复兴运动发生于14—16世纪的欧洲，是正在形成中的资产阶级在复兴希腊、罗马古典文化的名义下发起的弘扬人文主义思想和文化的运动。"文艺复兴"一词，原意系指"希腊、罗马古典文化的再生"。但是，当时西欧各国新兴资产阶级的文化革命运动包括一系列重大的历史事件，其中主要的是："人文主义"的兴起；对经院哲学和僧侣主义的否定；艺术风格的更新；方言文学的产生；空想社会主义的出现；近代自然科学的开端；印刷术的应用和科学文化知识的传播；等等。

这一系列的重大事件，与其说是"古典文化的再生"，不如说是"近代文化的开端"；与其说是"复兴"，不如说是"创新"。"文艺复兴"在人类文明发展史上标志着一个伟大的转折。它是新文化，是当时社会的新政治、新经济的反映，是新兴的资产阶级在思想和文化领域里的反封建斗争。

恩格斯曾高度评价"文艺复兴"在历史上的进步作用。他写道："这是一次人类从来没有经历过的最伟大的、进步的变革，是一个需要巨人而且产生了巨人——在思维能力、热情和性格方面，在多才多艺和学识渊博方面的巨人的时代。"

如果说地理大发现是人类向未知的物质世界进军的话，那么文艺复兴则是人类向未知的精神世界的进军，是在精神世界中进行的探索。这个探索在文学、艺术、政治思想及自然科学领域内创造了丰硕的成果。文艺复兴的重大历史意义在于它促使欧洲人从以神为中心过渡到以人为中心，在于人的觉醒，在于人们把重点从来世转移到现世。它唤醒了人们积极进取的精神、创造的精神以及科学实验的精神，从而在精神方面为民主制度的胜利和确立开辟了道路。文艺复兴在欧洲历史发展中占有重要地位。

（2）文艺复兴开创的饮食风尚

火药、指南针和印刷术的发明与应用为欧洲发现甚至征服美洲、非洲和亚洲的"新世界"奠定了基础，也为现代早期基督教新教和罗马天主教之间战争中的国家与意识形态的竞争提供了温床。

这三项伟大发明也同时改变了现代早期的欧洲饮食文化。印刷术使得烹饪书、饮食建议手册甚至美食哲学书得以广泛传播。指南针使跨海航行变得可能，加上火药带来的大规模伤亡，全球范围内早期现代欧洲帝国次第崛起。随着欧洲政治、军事和经济势力的扩张，欧洲食物与美食的影响也远播海外。与此同时，构成这些帝国的民族国家的自我民族身份意识日益增强。这一点在各国不同的美食中体现得尤为明显。

因此，欧洲早期现代饮食经验中心出现了一系列矛盾现象。当时的食物文化深受两种压力折磨。一方面，要在革命浪潮的夹缝中寻生存；另一方面，既要满足欧陆精英大都会的口味，又要用不同的美食来定义民族差异。一方面，精英知识分子的人文主义文化在努力维护并复兴传统经典的美食和饮食习惯；另一方面，变革的"现代"压力不可抗拒，获取新食物和新烹饪方式的途径以及相关知识都在与日俱增。人文主义和商业主义，造成了现代早期饮食文化的矛盾。

人文主义的知识分子文化对现代早期食物观念的影响甚大。14世纪早期的意大利人文主义作家已开始收集文献，并遗留下大量烹饪典籍，为现代人提供了美味和健康饮食实践的资料。人文主义烹饪著作的意图虽较保守，却引发了关于是否应该食用某种食物，应如何搭配不同食物，应在食物中加入何种调味料和香料的广泛讨论。只是上述讨论并未解决任何问题，对复兴古代烹饪操作或经典食物味道也鲜有裨益。值得一书的是，人文主义的烹饪保守主义在欧洲味道复兴过程中起到了重要作用。

第一本所谓的"现代"烹饪书由15世纪的意大利御厨马蒂诺·达·科莫大师所著（约成书于1450年），著作名为《烹饪的艺术》。马蒂诺曾服务于红衣主教特雷维桑和意大利东北部阿奎利亚镇的镇长，并在米兰公爵的宫殿内担任厨师。赋予《烹饪的艺术》现代感的并非其内容或关于烹饪的观点，而是此书对后世的影响。马蒂诺的著作更像是宫廷御厨的操作手册，此书几乎被人文主义作家普拉蒂纳在其专著《论正确的快乐与良好的健康》中全盘借鉴。后者引用了马蒂诺食谱中的大多数内容，并附上引自古代权威阿皮基乌斯、普林尼及古希腊医学作家盖伦的医学及道德评论。普拉蒂纳不仅是作家、美食家，还是梵蒂冈第一任图书管理员，由教皇西克斯图斯四世（Sixtus IV）委任。他这本书兼具烹饪操作手册、健康饮食指南及饮食哲学书的功能，风行一时。虽然19世纪以前，"美食"（gastronomy）一词在欧洲尚未广泛使用，但良好饮食的哲

《西克斯图斯四世任命普拉蒂纳为梵蒂冈图书馆馆长》壁画（〔意〕美洛佐·达·弗利绘）

学足以激发人文主义作家的热情。

《论正确的快乐与良好的健康》于1465年前后成书，初稿为手写稿，但此书很快融入印刷术的变革大潮中，最初于1470年在罗马出版，随后于1472年相继在佛罗伦萨和威尼斯出版，此后又多次再版。1505年，这本著作被翻译并改编成法文版，1598年被翻译成英文版。普拉蒂纳的这本书作为当时关于饮食的最重要的著述而影响广泛。

那么普拉蒂纳等人文主义者对食物究竟持什么样的观点呢？首先要注意的是这些人文主义者想要平衡两种饮食观点，健康饮食和美食——既是愉悦饮食的艺术，又是精致文化的标志。普拉蒂纳著作的标题综合了对饮食健康和美食愉悦的关注，人们无法将这些著作中的健康饮食和美味佳肴区分并对立起来。

人文主义食谱来源很多，在国际范围内进行分享和传播。马蒂诺的食谱中就包括源自加泰罗尼亚人、法国人、教皇和撒拉逊人（泛指中古时代的阿拉伯人）的食谱。普拉蒂纳回顾马蒂诺的杏仁面包碎烤鸭（mirause）或烤至半熟的鸡肉食谱时，慷慨地作出以下评论："加泰罗尼亚人……在技法层面的天赋和身体水平上并不逊色于意大利人。"普拉蒂纳关于加泰罗尼亚人烹饪松鸡（快速烤熟，加入盐、香料和橘子汁）的评论则更为生动："我的朋友加鲁斯虽是加泰罗尼亚的敌人，却经常食用加泰罗尼亚的食物，因为他只恨这一种族，而不恨他们的食物。"文艺复兴时期人文主义的饮食思想对来自任何文化的饮食影响作开放姿态，无论他们是盟友还是敌人。

这就能解释早期人文主义饮食著作中对阿拉伯饮食和烹饪的偏好。普拉蒂纳肯定十分了解阿拉伯烹饪文化，对阿拉伯学者保存并传播的古希腊拉丁经典也了如指掌。这些典籍中的食谱推荐使用藏红花、胡椒和丁香等大量香料，这一点与阿拉伯和中世纪欧洲的烹饪习惯一致。我们现代认为的提鲜或加甜的佐料在当时被归为一类，与正餐分开的"甜点"概念还不存在。在文艺复兴时期的烹饪中，糖的地位至关重要。普拉蒂纳评论道："如果没有糖，任何菜肴都索然无味。"马蒂诺一直建议在食物中加入糖、杏仁和香料进行调味，他的酱汁中有葡萄干、梅干和葡萄。马蒂诺的杏仁蛋白馅饼和炸饺子明显来自阿拉伯食谱。可见，早期人文主义饮食著作并未试

图将外国影响赶出厨房。然而到了 17 世纪，排斥外国影响的呼吁却逐渐增
多起来。

　　人文主义者曾试图使现代烹饪符合古典作家的意见，因为人文主义作
家十分推崇古典作家的作品。阿皮基乌斯、盖伦和普林尼等经典作家关于
烹饪、饮食和自然史的著述被大量引用。然而即使某种食物或食谱不被古
典权威支持，也不意味着就一定会受到排斥。更常见的情况是将古典权威
支持的内容吸收进新古典主义饮食系统，并将该系统的原则与盖伦的体液
学说相结合。普拉蒂纳关于马蒂诺牛奶冻（cibarum album，一款源自阿拉
伯的经典传统甜食）食谱的评论十分生动："我喜欢牛奶冻总是超过阿皮基
乌斯的佐料，我们没有理由喜欢我们祖先的食物超过喜欢我们自己的食物。
虽然我们的祖先几乎在任何一种艺术形式上都超越了我们，但在味道上，
我们并未被击败。全世界没有哪种味道应该被现代烹饪学校隔离，人们总
在烹饪学校中热烈地讨论各种食物的烹饪。"美味并非仅按照古典权威的定
义，因为事实上，古典的味道可能完全被技艺高超的现代厨师超越。如此
一来，文艺复兴时期的人文主义美食通过现代与古代的对话，进一步激发
起食物在社会秩序中所扮演角色的创造性讨论。

　　后文艺复兴时期饮食写作的主要观点为膳食健康饮食对人类有益，提
倡以食物滋养身体，保持身心健康，从而创造一个更加幸福繁荣的社会。
托马斯·埃里奥特的《健康城堡》（1534）、安德鲁·博德的《健康饮食汇编》
（1542）、托马斯·科根的《健康天堂》（1584）和托马斯·莫菲特的《健康的
进步》（1655）都是此类作品的代表。这些著述都提倡简朴节约，行文中即
使偶尔出现对某些奢华菜肴的细节描述，也会予以警示。这一点在普拉蒂
纳的著作中表现得尤为明显，他的著作始终将正确饮食的医学建议与美味
佳肴的烹制实践相结合。普拉蒂纳会提醒某些提味的佐料不得服从于"奢
华、贪欲和过度饮食"的恶习，因为这些恶习导致了意大利居民过度肥胖，
且总是过于饱胀。

　　关于食用某种食物的益处或坏处的医学建议背后的基本原理主要源自盖
伦的生理学，他创造的医学模型从古至今经久不衰，又由文艺复兴时期的人
文主义作家重振，注入新的生命力。盖伦提出，人体由四种主要液体或"体

液"构成：血液质、黏液质、黑胆质、黄胆质或胆液质，每种体液都有两种属性，即热或凉、湿或干。食物也具备上述属性，因此吃喝任何东西都会影响人体的体液组成。盖伦的饮食理论即通过食物摄入来平衡人体体液。

关于饮食的担忧会让人们将某些食物作为危险食物而排除在外。普拉蒂纳认为蘑菇的属性又冷又湿，"因此具有毒性"，他对马蒂诺鳗鱼派食谱的评论也让读者们望而却步："此派烹成，请献给你的敌人，因为它一无是处。"一般而言，人们认为按照饮食体系，肉和鱼比蔬菜水果更有营养、更健康。另外，如何吃和吃什么同样重要。例如，普拉蒂纳认为不得在食用水果后进食蔬菜，一次性摄入过多又冷又湿的食物会使消化系统负担过重。

盖伦饮食理论的成功在于其整个系统非常灵活。每个人身体中体液和属性的组合都十分复杂，须通过多种不同的饮食搭配进行调节。瓜类或蘑菇等"危险"食物可用其他食物或香料来"纠正"它们的不良属性。作家们在关于饮食的著作中很难就如何正确烹饪或提升食物问题达成一致，但盖伦饮食理论的基本原则为文艺复兴时期关于健康饮食的讨论奠定了基础。

（3）现代餐桌礼仪的形成

餐桌礼仪也是人文主义美食的一个重要关注对象。许多文艺复兴时期关于食物的著作都以宫廷作为载体：作者要么已经获得，要么正在寻求宫廷的赞助。宫廷有足够的财力支付人文主义作家颂扬的昂贵而奢华的菜肴，因此宫廷成了人文主义者尝试餐桌改革的首要关注点。

普拉蒂纳及后世作家都认为正式的宴会应包括好几道菜，但具体的上菜流程及每道菜的组成仍有待讨论。普拉蒂纳认为香草和蔬菜应在鱼肉类主菜之前呈上餐桌，之后再是有助于消化的食物，包括苹果、酸梨等水果及一些硬奶酪。他说："硬奶酪可以封住胃里的食物，防止蒸汽上升到头脑中。"当时晚餐的最后一道小食虽然有，却并非甜点。直至17世纪晚期，人们仍然习惯于同时上几种不同的菜肴，因此在晚宴上分辨上菜的先后次序还相当困难。英国评论家认为在晚宴上安排甜点是一种危险的法式创新，此举可能有违道德。

对于专注于饮食礼仪的文艺复兴作家们而言，餐桌行为规范要比上菜流程重要得多。人文主义者向皇室人员建议，必须让餐桌成为建立社交准则的实验场所。德西德里乌斯·伊拉斯谟所著的《儿童正确礼仪手册》是一本"关于男孩正确行为"的书，集中展现了全欧洲精英的餐桌礼仪。另有大量与之类似的作品，都试图将人们的关注重点从食物本身转移到餐桌礼仪上来。包括唾弃公然表示饥饿的粗鲁行为，指导用餐者如何相伴进餐并适当交谈。伊拉斯谟建议用餐者："可以相互交谈来打断连续的进食，但前提是嘴里的食物已完全下咽，因为嘴里有食物时说话既不礼貌也不安全。"他还建议道："将手伸进盛放酱汁的碗碟是粗鲁的，应用刀叉自取所需；不能像老饕一样独占整盘菜肴，而只能选取一份放在自己面前。"不过，伊拉斯谟明显是超越时代的人。整个 16 世纪，叉子在宫廷餐桌上仍是新奇物件。关于叉子的首次记载出现在 14 世纪的意大利，但其直至 17 世纪才成为精英餐桌的常规物件。17 世纪晚期，英国人仍然用手而非叉子，即便他们在凡尔赛宫这个确定欧洲精英礼仪最高标准之处。

在引入刀叉等整套餐具时，又产生了餐桌上的物品应妥善放置的理念。普拉蒂纳认为应按季节来安排用餐环境，比如春天时应在餐桌和餐厅内放置鲜花，冬天时餐厅内应充满芬芳的香水味；餐巾和桌布必不可少，因为"如果没有餐巾和桌布，就会引发厌食情绪，让人没有进食的欲望"。

精英餐桌的座次也很有讲究。中世纪晚期和文艺复兴时期的英国贵族家庭中，都有大厅引座员和典礼官负责将客人礼貌地引入正确座位，仆人和地位不够高的客人不宜与精英们同桌共食。

虽然文艺复兴时期的人文主义学者大力宣传美食标准及餐桌礼仪，但权贵们仍然热衷于炫耀奢华。其中有些炫耀也并非一无是处，比如香料在盛大宴会中的大量使用。香料不仅能改变食物的味道，也能改变食物的外观。人们尤以金色和红色为贵，因此藏红花在文艺复兴时期的食谱中十分流行。用藏红花烹制的食物显得富丽堂皇。

（4）烹饪职业文明性的初现

由于晚餐对文艺复兴时期的精英社会至关重要，厨师的社会地位得到了相应提高。厨师有权利自称专业人士，甚至成为宫廷中备受尊敬的一员。与宫廷画家、建筑师等其他工匠一样，厨师主要从事的也是手工劳作，只不过身份地位略低一点。所有工匠都试图证明其手工劳作其实是来自于高度智慧的，属于文明职业，要想证明这一点，获得人文主义学者的支持至关重要。普拉蒂纳既强调烹饪的文明性，又强调烹饪的科学性，他认为一个优秀的厨师应具有高尚的情操，且深谙各种食材的特点，包括风味与口感等，这样才能得心应手地运用蒸、烤、煎、炸等加工方法，另外对调味也要具备足够的灵敏度。普拉蒂纳特别提到他的朋友马蒂诺堪称文明厨师的完美典范。马蒂诺被尊称为王子厨师，其《烹饪的艺术》堪称里程碑，是对从古罗马到文艺复兴时期意大利饮食转变过程的历史记录。

法国文艺复兴后期、16世纪人文主义思想家、作家、怀疑论者蒙田在他的笔记中详细记录下了教皇保罗四世的意大利厨师对他的宣讲。这位意大利厨师面色凝重地向蒙田发表了一番晚宴之科学的长篇大论，仿如讨论某个宗教理论的关键点。他解释了酱汁的制作和应用准则，介绍了不同季节应如何选用沙拉，皆以烹饪科学为要旨，但蒙田似乎不为所动。蒙田说："他的话语中充满了华丽的辞藻，仿佛自己是一个帝国统治者。"显然蒙田不知道3000年前在遥远的中国的确有一位以烹调理论来统治帝国的御厨宰相。就劳动的尊贵程度而言，文艺复兴时期的厨师所获得的认可远远及不上文艺复兴时期的画家，除了马蒂诺以外。现代早期的厨师很少有人能够青史留名，其成就在总体上难以获得人文主义学者和宫廷精英的高度认可。

烹饪本身无法与绘画等艺术相提并论，现代早期的欧洲国家从来没有设立过烹饪学校，人们普遍认为烹饪技艺不适合当时的知识分子学习。普拉蒂纳的《论正确的快乐与良好的健康》之重要性固然不容置疑，但在文艺复兴时期的人文主义知识分子中却鲜有人问津。普拉蒂纳对厨师职业文明性的赞扬始终无法转换成人们对烹饪专业的尊敬。

（5）现代厨房的发明者——达·芬奇

达·芬奇（Leonardo da Vinci，1452—1519）从37岁左右开始，到67岁去世那年，一直是笔记狂人，又写又画。但他所有的笔记都是"镜像书写"——不仅整行都反常规地从右到左书写，就连每个字母都是反的（比如"d"会写成"b"）。要知道会这样写东西的人，是强烈地想要保守一些秘密的，不只是书写内容上的密码特征，还想保证其个人思考方法上的私密性。

谁都知道达·芬奇是个全才。所以在他神秘的笔记中发现有关美食的笔记并不足怪。除了达·芬奇自己的评论之外，这些对食物的看法还深受普拉蒂纳的影响。普拉蒂纳推崇的简单且偏素食的饮食理念，对达·芬奇影响颇深。

作为一个不太知名的素食主义者，达·芬奇曾在笔记中写道："难道自然没有为你提供足以让你满意的简单食物（即素食）吗？那如果你对此还不满足，你就不能……通过将这些简单的食物混合起来做出各种各样无限的美味吗？"

弗洛伊德认为，达·芬奇一直处于怜悯和攻击性的矛盾之间。他的素食主义信念是性格中"怜悯"那面的一个表现，因为他不喜欢那些对他而言残忍地对待动物的行为；而

达·芬奇自画像（画作背面特意用拉丁文镜射方式写成"我所绘的"）

他富于"攻击性"的一面则体现在他设计军事武器的实践上，以及他潜意识里存在的施虐狂倾向——他曾陪伴罪犯去接受死刑，以画下人临死时的表情。

不过，达·芬奇是晚年才开始吃素的。因为他早年设计过各种和肉有关的器具：自动转动肉叉的烤肉架、"将咸肉、猪舌和香肠慢慢熏至风味绝佳"的熏肉炉等。

达·芬奇在笔记中唯一提到过的肉是牛肉，但他同时加上了普拉蒂纳的观点，说它们对人类的胃而言"太硬了"，所提供的营养也"使人恶心和忧郁"，会招致湿疹等皮肤病。但吃素对当时的达·芬奇来说，是很危险的。要知道在文艺复兴时期的意大利，占统治地位的仍然是天主教的正统思想。既然上帝赋予了人类高于其他动物的身份和统治它们的权力，放弃食用动物就是对上帝的亵渎。教会把素食主义者称作"魔鬼的宴席"，甚至会将他们以异端罪名烧死在火刑柱上。但达·芬奇逃过了这一劫。

达·芬奇把世界万物的运转归功于大自然，并形成了一套自己的宗教哲学，相较于永无止息地向上帝祝祷，他更依赖于对生命的尊重。他的素食主义信仰，就源于这种哲学观念。

1482 年，三十岁的达·芬奇离开佛罗伦萨来到米兰，开始在斯福尔扎的宫廷里创作著名的《最后的晚餐》。但其实当时他身兼数职，又要画画，又要演奏音乐，又要设计军用机器和防御体系，还要改造公爵的城堡……而关于厨房的设计，达·芬奇自然有自己的理念：供仆役居住的大间应远离厨房，以免主人听到他们嘈杂的声音；厨房里应该有地方可以很方便地清洗器皿，这样仆人们将它们在房间里搬来搬去的情形将不再出现；为了更加便利，食品贮藏室、贮柴间、厨房、鸡舍和仆役室应当相互比邻；同时花园、马厩以及废料堆也应该紧挨着；从厨房传菜出来可以通过宽大低矮的窗户或者采用带转轴的桌子……

这些想法是不是领先了现代厨房好几个世纪？作为一名杰出的发明家，达·芬奇想解放厨房里的厨师们。他设计了好些辅助烹饪的机器，其中一种便是历史上记载的第一台空气螺杆压缩机——一台自动转动肉叉的烤肉架。他利用烟道里上升的热空气带动涡轮机的叶片转动，使炉火上装着传动装置的烤叉随之转动，而烤肉转动的速度又可以通过炉火大小来控制。这台半自动转叉机后来还演变为历史上第一台实用的户外烤架组合，其底部放上木柴，顶端开一个通风口（也是添柴口），就成了和现在我们用的 BBQ 烤架差不多的东西。

16 世纪早期，佛罗伦萨的雕塑家鲁斯蒂奇成立了一个名叫"大锅饭同盟"的组织，呼朋唤友，宴饮欢歌。有美食史学家把这一组织界定为自罗马时代以来的第一个烹饪学会。1508 年，达·芬奇重回故乡

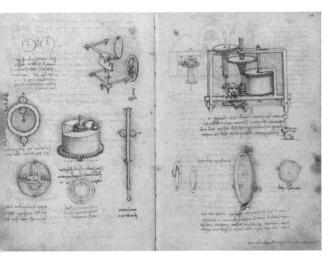

达·芬奇的设计手稿

后，住进了庇护人马特利家中，鲁斯蒂奇也住在这里。所以毫无疑问他也参加了"大锅饭同盟"的聚会。为了体现同盟名字的主题，鲁斯蒂奇将一口大缸运进房间，并用铁钩钩住它巨大的柄，将它吊起，挂在天花板上。他同时将房间重新粉刷并挂上窗帘以制造"身在大锅"中的效果……大缸内安置着座椅，中间摆着一张餐桌。天花板上挂一组大吊灯，照亮了大缸内部。同盟会员们一走进房间看到大缸后，当然是疯狂大笑，然后鼓掌。在他们全部就座后，"桌面打开了，一棵枝叶繁茂的树升了起来，树上巧妙地安放着为客人们准备的主菜中的两道。来宾们用完第一道菜后，那棵树便隐了下去；再出现时，上面又放上新的菜肴了……"这个大锅饭组织是如此地富有想象力，难怪达·芬奇在马特利城堡内住得自由又轻松。

在米兰的宫廷里，达·芬奇曾写出一些和食物有关的谜语，可能是为了娱乐，也可能含有我们至今也未理解的"密码"，但至少在表面上映射出自然社会的残酷现状：

许多人会不停地鞭打他们的母亲，直至皮开肉绽，表皮上翻。——谜底：耕地的农民

被无情的风刮过后，许多稚嫩的小孩在母亲的臂膀里被强行带走，扔在地上，撕裂地支离破碎。——谜底：水果、坚果、橄榄等

天真无知的小孩被带离他们的保姆，然后死于人们残忍的刀口之下。——谜底：山羊羊羔

他们中间的许多都遭受了仓库和粮食被劫的命运，最后还死在毫无理性的人们手中，被水淹没或溺水而亡。——谜底：蜜蜂

（参见《文艺复兴背后的饮食密码》，https://www.sohu.com/a/112030363_382624）

18 复古，去阿拉伯化

文艺复兴运动改变了艺术，也改变了宫廷烹饪。在厨房里，向古希腊、古罗马汲取灵感的风气，使得厨师必须杜绝来自阿拉伯的影响。金碧辉煌

的色调、芳香的气味和偏甜的口味通通不再，源自古罗马的"咸酸"口味从此支配西方烹饪界。古罗马食物以咸著称，于是罗马食谱中无所不在的鱼露再度被普遍使用，只是加了点蜂蜜或葡萄汁来予以缓和。所以，虽然文艺复兴时代的西方新食谱大多并不特别咸，但显然已经与曾经的甜腻口味迥然不同了。与此同时，乳制品、蔬菜和食用菌在餐桌上脱颖而出。

文艺复兴之后，西方烹饪界在总体上开始重新应用较熟悉的西方食材，这使得西方社会的中产阶级比以往更容易享用到王公贵族的菜式，高级饮食的资产阶级化由此展开。17 世纪贵族食谱比以往更广泛地流传开来，以法国为中心向外扩散。

因为自古以来基督教世界在不停地和伊斯兰世界作战，西方人的味蕾受情感的支配要弃绝阿拉伯的影响。发展到文艺复兴时代，欧洲人不管祖先是不是来自北方蛮族，都觉得自己有更好的古代，那便是古希腊、古罗马，所以铁了心要终结阿拉伯世界的影响。古罗马的咸酸口味，从此成为西餐的主流风味。他们不提倡西班牙菜，因为那里受穆斯林的影响太大了，比如橄榄油、雪莉酒。所以只有意大利菜才有资格称为西餐之母。

19 弃绝内在的野蛮，始于餐桌

我们在餐桌上，要弃绝人性中存在的一些野蛮。在做菜的时候要懂得使用什么、体现什么。有些东西是西方人非常不喜欢的。比如说，他们不吃孔雀，不吃鸽子，因为孔雀和鸽子代表美好；蛇也不吃，因为觉得恶心；狗肉也不吃，因为狗是人类的朋友，他们吃不下去。西餐其实很少有野味。比如一盆菜的做法和名称，中国人喜欢象形，说它像什么什么活物，这个正好是和西方人相反。西方人觉得这明明是素的东西，你非得叫素鸡、素鸭、素鲍鱼，是什么道理呢？

在西餐烹饪中，最好的方式就是让大家看不到活物原始的状态，要让你在吃肉时想不到这块东西原来是从一头牛身上割下来的，要把整只鸡分割切碎让你想不到这盆菜原来是一只活鸡变的。当然就更杜绝"炝虾"一类菜式。

（1）酱汁的功用

西餐中有很多菜，比如牛排，都要用酱汁去遮盖，让食客看不出它原来是动物的一部分或全部。你不要以为西餐做作，其实这个是弃绝野蛮。

孟子说"君子远庖厨"，这句话是有一定道理的，只是他没有说到点子上而已。他其实并非要求大家都不去从事庖厨，而是希望人们在烹饪与餐饮行为中弃绝野蛮。一个人只有在弃绝野蛮的前提下，才有可能变得仁义。但孟子不能因此就贬低整个厨师行业，这个是不对的。

（2）神职人员对用餐方式一正一反的作用

礼仪是姿态的酱汁。餐桌礼仪是其制定者与厨师共谋的行动，目的是要教化人们弃绝内在的野性。就在人们一步步走向顶级饮食的同时，礼仪也越来越繁复。既然烹饪把用餐转化成有助社交的活动，食物也就逐渐被礼节仪式所包围。礼仪永远在演化发展，因为礼节的一部分目的就是要排除圈外人，要是有人闯入，打破了礼俗，就得重新制订规范。

严重的礼仪藩篱，亦即那些被强制执行的礼仪，不仅存在于阶级间，也存于文化间。1106年，有位基督教教士写了《神职者守则》，列举了一系列餐桌礼仪，包括：饭前洗手；其他菜未上桌前，勿急着吃面包，"以免别人认为你太急躁"；勿吃得太大口，不要让食物从嘴角滴下，否则别人会觉得你太贪吃；充分咀嚼每一口食物，这样便不会噎着；同理，嘴里有食物时勿讲话；勿空腹喝酒，以免被人讥为好酒贪杯；不要从邻座的盘里拿取食物，以免惹人生气。在那之后两三百年内的西方世界，餐桌礼仪具备了区分社会阶级的功用，变得比食物乃至烹饪技术更重要。中世纪作家的文学作品中不乏这样的描写："我宁可省略他们吃什么的部分，因为他们比较注意高贵的举止，并不重视吃。""良好的礼节和行礼如仪的宴会，源自优雅。"

在欧洲中世纪（5—15世纪）及以前，欧洲人吃饭是没什么餐具的，人们将食物用刀大致切割一下，就可以端上桌直接食用了，甚至当时还有一种餐桌礼仪，就是抓取肉食时，不能用三根以上的手指。直到11世纪，意大利某些地区才出现了餐具叉子的雏形。不过欧洲属于典型的基督教文化，尤其是在中世纪，神职人员在社会中掌握着绝对话语权，他们告诉百姓：

我们吃的食物是上帝赐予的，因此只有虔诚地用手抓取才可以；如果使用任何介质和工具，都是对上帝的不敬。

随着后来十字军东征和蒙古铁骑的西扩，不同文明间除了发生摩擦还产生了很多交流，餐具在欧洲进一步被接受，宗教控制力也被不断削弱。从意大利开始，欧洲人逐渐接受叉子作为餐具了。最早的叉子只有两个齿，和如今的水果叉很相似，但两个齿即使插中了食物（尤其是肉类），也很难固定住。于是后来又逐渐将餐叉改良为四个齿，这样插入食物后，基本就可以将食物固定得牢牢的了。（参见《从手、到使用刀叉和筷子，中国、欧洲和印度为何选择了不同方式？》，https://page.om.qq.com/page/OaDKuFasQQ1cjTjyA2JMrk3g0）

西餐中的刀叉并非是同时出现并被使用的，欧洲人在开始使用叉子后，对于餐刀表现得较为谨慎。所以在中世纪的欧洲，吃饭时餐馆和主人是不会向客人提供刀子的，如果实在需要，客人可以自己带一把用来割肉的小刀。

最初割肉的小刀十分锋利，不仅有锋利的刀刃，还有十分尖锐的刀尖，在手中转一下，似乎和中国古代常见的飞刀有些类似。不知道是不是出现过类似的刺杀事件。后来欧洲人开始普遍将餐刀上的尖端磨掉，并在刀刃附近加装锯齿，成为如今西餐餐刀的模样。

四齿餐叉

第三章

人类饮食的文化交融

口味根本不是好吃与不好吃的问题

人往往习惯于老味道，即使有再多的来自世界各地的食物可供选择，也可视而不见。老味道也就是家乡口味，这不是好吃与不好吃的问题，而是心灵感应，是形而上。

早餐尤其如此，大多数人都因为能预料到即将入口的早餐是什么而心满意足——爱喝燕麦粥的、爱喝豆浆的、爱吃面包的、爱吃包子的、爱吃煎饼的……甚至吃鸡蛋也分水潽蛋、茶叶蛋、煎蛋。几乎人人都有一番讲究，轻易不容变更。

美国人讨厌内脏杂肉制成的法式香肠，满足于简单的烤牛排，什么酱料也不用。盎格鲁 - 撒克逊人喜爱简单菜式胜于别致花哨。让我们读一段英格兰的传奇性人物，放荡主义诗人兼美食家，约翰·威尔默特、第二代罗彻斯特伯爵（John Wilmot，2nd Earl of Rochester，1647—1680）的评论：

> 我们自有简谱伙食，精悍的英国菜
> 让你满足，填饱肚子。
> 那虚有其表的法国菜，什么酒庄和香槟，什么炖肉和肉片
> 我们誓不食用。
> 来一顿好好的主餐吧。
> 我如是思忖，脑袋清醒
> 来块牛肉，扎扎实实的骑士分量

美国素有英国遗风。由于受到早期移民（英国清教徒及美国拓荒者）的影响，美国菜的传统特色是"粗犷实在"，食用新鲜的原材料，不靠添加剂、调味剂，食物保持原汁原味，烹调的过程不拖泥带

烤牛排

水，无论是烤、煎、炸都没有很复杂的做工，也不讲究细火慢炖，没有太多的花哨装饰。美国食物的主要结构一是牛肉，二是鸡、鱼，三是猪、羊、虾，四是面包、马铃薯、玉米、蔬菜。20世纪前半叶，法国菜甚至法国菜名在美国都会受到蔑视。烹饪和语言、宗教一样，是文化的试金石，它被用来辨识同伴。（参见《特殊文化背景下的美国饮食》，http：//goabroad.sohu.com/20091211/n268871560.shtml）

2 众口难调之下的调和

那么，众口难调之下有没有一种调和的方式呢？有的，下面以中国上海的地方菜为例，讲一下"本帮菜"形成过程中的文化基因。

如今人们所说的"本帮菜"，这三个字是有特定含义的，它特指极富上海地域特色的一种菜肴风味体系。而这一体系是有着许多约定俗成的规矩的，比如味感上的普遍特征是"甜上口，咸收口"，比如烹饪技法上的普通特征是"炒不离烧，烧不离炒"。不过，这些规矩都是后来形成的，最初是不存在的，"本帮"一说当初只是"本地"的含义而已，没有明显的风格特征，菜系根本无从谈起。

清道光二十二年（1842）以后，中国陆续开设了"租界"，上海是其中一处，广州、天津、九江、汉口、厦门等地也有。唯独只有上海在开埠后，充分借鉴和吸收了外来饮食文化的长处，并结合自身的特点，最终孕育出了"本帮菜"这朵奇葩，这一现象在其他受外来文化冲击的城市并未出现。个中缘由，也许是因为上海在开埠后吸纳了大量来自五湖四海甚至全世界各地的移民，若干年后，就有了生于斯长于斯的有别于"本地人"的"上海人"。在同一块土地上生长的人，有相同的文化背景，一定会使他们产生共同的饮食审美理念，正所谓"一方水土养一方人"。

光绪年间（1875—1908），上海已经有十六个帮别的风味菜馆进驻，一般是老家哪里来的移民多，他们就会天然地找自己熟悉的风味餐馆去就餐，但这对于各家餐馆的经营者来说就难了，因为老板希望所有人都成为他的顾客。中国人去餐馆吃饭往往都是一群人一起去，既然一群人中老家哪里来的人都有，那么餐馆的菜式就不能只照顾其中某一部分人，否则就会有不习惯此种风味的客人。当时，整个上海餐饮界就是这样一个逼着经营者去进行口味大融合的市场。"老正兴"一开始是做无锡菜的，当然会吸引来上海旅居的苏州人和无锡人，这种老家的味道会使他们感到亲切，但锡帮菜太甜了，甜到连苏州人都不太吃得消，更别提宁波人和南通人了，那么老板和厨师怎么办？只能做个妥协，少放点糖。接下来他们会发现，比他们更老的一些餐馆比如"老人和"这样的馆子里卖的上海本地风味菜肴能吸引更多的客源，不管是江苏的还是浙江的还是本地的，都可以接受。"老正兴"的口味特征自然地就会向"老人和"看齐，也就是更为"中庸"，更为"广谱"，更为"兼容"，目的是让所有来餐馆的进餐者都能"吃得到一起"。

从清道光起至当代，很多来上海的移民都是在离家很远的地方重建生活，因为文化背景的原因，他们最初会固执地认为此地餐桌上的味道远不及故乡的一蔬一饭，另外他们急于找到与自己口味相似，并能明白这份执着的朋友、同事甚至爱人。中国人在一生中，友情和爱情始终都有味觉作为连接。只有让情感落实到饮食这样的生活肌理当中，情感才会长久。上海本帮菜正是在寻找口味调和的过程中造就无数密接者的。

老正兴馆

3　家乡味道的非家乡

19世纪英国浪漫主义诗人济慈（John Keats，1795—1821）有一首题为

《圣阿涅斯节前夕》(*The Eve of St Agnes*)的诗歌是这样写的:

她沉睡在蔚蓝华盖的睡梦中

漂白过的亚麻床单,柔软,飘散薰衣草香

他从柜中揣来满满一堆的

糖渍苹果、榲桲、蜜李和葫芦瓜

比滑润的凝乳更适口的果冻

大船载来了吗哪和椰枣

来自菲斯,还有那芳香的美味,各位

从丝绸般的撒马尔罕和雪松飘香的黎巴嫩

济慈描绘的英国姑娘所钟爱的口味告诉了我们什么?

榲桲是一种古老的水果,别名木梨,土木瓜,原产于亚洲和地中海地区。

梨起源于中亚地区,早在史前时期就已有野生品种。梨有 3000 年左右的种植历史,在古印度、古希腊、古罗马和古代中国,梨都是最受欢迎的水果之一。

葫芦瓜学名瓠瓜,原产印度及非洲。

吗哪(Manna)是《圣经》中的一种天降食物。是古代以色列人出埃及期间在 40 年的旷野生活中,上帝赐给他们的神奇食物。它的颜色如同白霜,呈圆形,形状和芫荽子有些相似,味道如同搀蜜的薄饼,清脆、甜蜜。

榲桲

椰枣又名波斯枣、番枣、伊拉克枣,产于中东、北非以及中国的热带或者亚热带地区。

菲斯是北非国家摩洛哥最古老的皇城,是北非史上第一个伊斯兰城市,也是摩洛哥 1000 多年来宗教、文化与艺术中心。

撒马尔罕，是中亚地区的历史名城，也是伊斯兰学术中心，现在是乌兹别克斯坦的第二大城市、撒马尔罕州的首府。"撒马尔罕"一词在粟特语中意为"石城"或"石要塞""石堡垒"。

雪松是黎巴嫩的国树，是人类最早使用的芳香物质之一。黎巴嫩扼守亚非欧战略要道，不少民族都曾经占领过黎巴嫩，它相继受埃及、亚述、巴比伦、波斯、罗马、阿拉伯、奥斯曼帝国统治，第一次世界大战后成为法国委任统治地。

有证据表明，济慈在诗中所描绘的这个女孩其实是他的邻居，名字叫芬妮·布朗。济慈当时寓居于其朋友查理·布朗在汉普斯特德（Hampstead）的住宅，其间爱上了住在附近的芬妮·布朗，并与她订婚。现在人们已将那所房子认作"济慈之家"，这地方位于伦敦北二区，是一片富裕的住宅社区，长期以来深受学者、艺术家和媒体人士的青睐。不过，19 世纪的伦敦和现在的伦敦不是一回事，济慈短暂的一生都在忍受疾病折磨和经济拮据的困扰。

英国女孩所钟爱的口味有哪一样是自己家乡英格兰出产的吗？虽然有些食品的原产地不是家乡，但它们依然可以经过时代的历练成为家乡口味。

大家可能认为笔者这是举了某个个例，并不具有典型性。但我在课堂上询问过家在哈尔滨的同学，请她介绍当地美食及自己钟爱的口味。

位于伦敦汉普斯特德的济慈故居（Alphauser 摄，源自维基百科 4.0）

果然不出所料，是红肠、大列巴和格瓦斯！大家只要百度一下就知道，这几样东西的原产地是俄罗斯，那为什么俄罗斯的食品会成为哈尔滨人的家乡口味呢？

了解哈尔滨历史的人，都知道沙俄入侵东北，模仿莫斯科修建了哈尔滨，5万多俄罗斯侨民迁居哈尔滨，不仅将建筑移植过来，也将饮食文化移植了过来。为了满足俄国人传统的衣食行住需要，红肠、面包等食品作

红肠

大列巴

格瓦斯

坊设立起来，专门生产俄国人喜欢的传统食品。于是，红肠、大列巴、格瓦斯等具有传统欧洲风味的洋物件就堂而皇之地进入哈尔滨，成为哈尔滨的风味食品。然而，这一道道家乡风味食品的后面却有着怎样一段段血泪史呢？

1850年以后，沙俄趁着清王朝衰微势颓，武力侵略黑龙江流域和乌苏里江流域；俄寇攻占庙街，残酷杀害赫哲族、鄂温克族等当地居民，制造了庙街惨案，并以沙皇尼古拉一世的名字将庙街改名为尼古拉耶夫斯克；同时俄寇将海兰泡、江东六十四屯的中国各族居民赶进黑龙江淹死或杀死，此乃海兰泡惨案和江东六十四屯惨案！同时强迫清王朝签订了《中俄瑷珲条约》《中俄北京条约》，抢占了黑龙江流域的100余万平方千米中国领土，包括黑龙江以北、外兴安岭以南、乌苏里江以东至库页岛的大片区域。这片领土内居住的赫哲族被

屠戮殆尽，结雅河的鄂伦春族被迫迁入大兴安岭，满族被迫迁入黑龙江以南乌苏里江以西，最后俄罗斯移民成了当地的主体民族。1900 年，八国联军侵华，沙俄趁火打劫，占领东北全境，实行殖民统治。

100 多年过去了，当年的腥风血雨，竟然化为满城飘香的怀旧记忆。大多数哈尔滨人都认为红肠、大列巴、格瓦斯是中俄两国饮食文化的融合，并引以为豪。笔者叙述的只是事实，至于该如何评判，仁者见仁，智者见智，留给读者们自己思考。

今日的尼古拉耶夫斯克，中文名字仍是庙街。那里还曾经有过一个建于明朝永乐年间的寺院，叫永宁寺。

尼古拉耶夫斯克

4 依存于整体文化性的口味

食品加工业把味道的"可靠性"和"一贯性"当成产品的主要标准，这样一来，某个品牌的每一批食品或饮品的味道永远一模一样，消费者绝不会有任何意外。

食客嗜好熟悉口味的心态影响了整体文化。美国侦探小说家沃尔特·萨特思韦特写了一个很妙的故事，名为《化装舞会》，故事里侦探主角很讨厌吃"内脏杂肉"。有一回他为办案来到巴黎，被人哄着吃了一种法式香肠，他原本觉得挺好吃，后来却发现自己吃下的其实是灌了猪肚和小肠的猪大肠。这就犯了禁忌，他吃下在自己祖国文化看来有害健康的垃圾。后来这种抗拒扩展到任何看似精心制作的或有些含混不清的菜。厨师巧手打点装扮食物这项伟大的传统倒像是虚伪的矫饰。费神费时又费钱做菜，有违他美国式的清教徒思想，即在烹饪上投入情感似乎很没男子气概。他渴望吃简单的烤牛排，什么酱料也没有，蔑视罗西尼牛排上的鹅肝

罗西尼牛排

酱和马德拉酱汁这类奢侈品。然而他却像受到诅咒似的，不得不当个美食家，不停地吃美食。他被"凶手"领到一家又一家餐厅，这个"凶手"每到一处都和侍者仔细讨论菜单，一道菜一道菜地聊，还在接受一位警察来访时转移了话题，双方辩论起"红酒炖鸡"不同的烹饪方法各有什么优点。男主角的美国身份认同受到了威胁，淹没在五颜六色的酱汁和肠衣之下。萨特思韦特的讽刺故事捕捉到了盎格鲁－撒克逊世界长久以来对法国菜的敌视，因而显得格外有趣。（参见《饮食的跨文化流动如何改变了全球口味》，https://wenhui.whb.cn/third/baidu/202007/19/361540.html）

5 香肠"盛宴"

香肠这种食物真的对西方人很重要，因为西方人很少有会做菜的。大家猜一下，西方人如果在家里请人吃饭，他最有可能做的是什么东西？对了，是香肠！买各种各样不同的香肠，放在 BBQ 的架子上烤制，再弄一些土豆放在上面同时烤。然后给你倒一杯啤酒或饮料，就算请你吃饭了，而且他会很自豪地宣称所有食品都是自己做的。笔者有一次被一位新西兰人请去家里吃饭，他号称给我准备了三道菜，结果我尝到的是两种不同口味的香肠。为什么是两种而不是三种呢？因为其中有一种香肠，他采取了煮和烤两种不同的制熟方式。吃香肠吃腻了怎么办？用土豆来调剂。有没有汤？通常只有啤酒或饮料。西方人如果做汤给你喝，那是不得了的事情。因为他们做一个杂烩类的汤，要从几天前就开始忙起，每天往汤里面添加几样食材或佐料，像搞科学实验一样。所以西方人和中国人不太一样，西方人，特别是英美系的，大多数不太会做菜。这也是他们满足于简单口味的原因之一。

烤香肠

6　永不停歇的"英法战争"

按照 18 世纪晚期一位英国复古主义烹饪的推广者的说法，法式烹饪在法国一切如常，但在英国就成了号称"伪装肉类"的花架子。"法式烹饪在这里是使好肉变坏的艺术……在法国南部……则是使坏肉变得可以下咽的艺术。"此时正值法国大革命爆发，国家的混乱似乎助长了厨房里的骚动。其后数年，在英国画家詹姆斯·吉尔雷的讽刺漫画中，老英格兰的烤牛肉成了团结的象征，绝不向拿破仑的"美食炮兵连"屈服。

虽然美国的独立受惠于法国之助，然而在大西洋彼岸仍留有英国遗风，人们对简朴烹饪有着忠贞不贰的热爱。这种"爱英精神"滋长于 19 世纪，随之而来的还有对"一无所知"的移民的厌恶心理，因为后来的移民并不遵循盎格鲁 – 撒克逊的清教徒生活模式。背弃原乡菜品、改食平淡的美国食物成为"同化"的象征，移民必须经此同化过程才有资格成为美国公民。1929 年，圣菲铁路公司最高级的"加州特快"线路上的餐车专营商在设计菜单时发现，英语菜名的"小里脊牛肉配蘑菇"销路比法语菜名的"菲力米浓佐菌类"好多了，但其实两份菜是完全一样的。

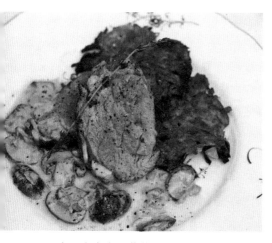

小里脊牛肉配蘑菇

7　百叶包、皮蛋、绿茶

关于菜名的形而上问题，笔者有一个探亲旅游的亲身经历与大家分享。以前我父母家（澳大利亚悉尼卡林福德［Carlingford］）有位邻居叫波拉，一个人住一幢大房子。卡林福德位于市中心的西面，地广人稀。小区位于新南威尔士州农业中学校园牧场的后面，如果步行去购物中心大概有接近半小时的路程。住宅附近没有便利店，悉尼也没有什么送餐的快递员。波拉一个孤老太不会做饭，平时隔三差五地都要来我父母这里蹭饭。一次父母要去我哥家带几天小孩，让我独自留在家里看房子。我哥的家在艾士菲（Ashfield），紧挨着市中心，乘城际铁路（City Rail）去要花费近两个小时的时间。卡林福德的城际铁路一小时一班，还要转车。所以我妈临行前嘱咐，要对孤老太波拉给予照顾，特别是要以极大的热忱鼓励她来蹭吃。因为波拉自己不会做菜，连做个汤也不会，平时只能自己开车去购物中心的餐馆，而她不久前从楼梯上摔下来过，膝盖粉碎性骨折，无法出门开车。果然，父母离开后的第二天，波拉就拿着口锅子来拜访我了，我就从橱柜和冰箱里拿出我妈提前预备的好些天的菜肴展示给她看。波拉则根据自己的喜好，任意取用菜肴。忽然，波拉举起的叉子在一大碗百叶包前停下了，问我这是什么。这可要了命了，有哪位知道百叶包的英文名吗？但我判断，如果按加工步骤直译，比如说将猪肉糜上浆腌渍调味，包卷进用大豆制成的面皮里，波拉听了是不会吃的。因为我自己在市中心逛街的时候，也不敢去墨西哥餐馆品尝墨西哥卷饼。不仅味蕾排斥不熟悉的味道，而且意识也排斥不熟悉的名称。于是，我灵机一动，问波拉有没有吃过中国的春卷。波拉"哇"了一下说："原来这个就是闻名遐迩的春卷啊，我很久以前吃过的，那可是人间美味啊！"说完，她举起叉子取走了一半以上的百叶包……

其实，很多西方人喜欢中餐，又怕中餐。知道他们最怕什么吗？怕我们的人造制品。以皮蛋为例，我在国外餐馆看到的皮蛋英文名称，不是preserved egg（加工蛋），而是one

百叶包

hundred years egg（一百年的蛋）或者 century egg（世纪蛋）。西方人觉得这咖啡色或黑灰色略带透明的"蛋蛋"，应该是储存了上百年，才会出落得如此"黑臭黑臭"。大多数西方人都不喜欢皮蛋，说它味道吓人，外形怪异，是"恶魔生的蛋"。2011年时，皮蛋甚至在美国 CNN 网站上公布的"最恶心食物"中拔得头筹，这也因此引发了很多

皮蛋

华人的不满。说皮蛋是百年蛋其实还不算什么，有些西方人在评论皮蛋的时候，还觉得皮蛋是化石，和恐龙蛋一样古老。他们觉得皮蛋上面那一层稻壳麦糠结成的东西就像是直接从恐龙窝里扒出来的一样臭熏熏。一些西方人剥开皮蛋外壳，看到里面结成固体黑漆漆的蛋清，没好气地说：这样子也太吓人了，就好像魔鬼下出来的蛋一样。

各位还想听听波拉对中国绿茶的评价吗？自从有了来我家蹭吃、和我交流的经历后，波拉对笔者萌生了某种亲近感。一天下午她来敲我家的门，问我是否正好有计划去购物中心购物，这样她可以开车捎带我去，让我蹭一回车。我回答她早上刚去过，已经买了好几天的食物和用品。然后，波拉就只能实话实说，告诉我前阵子膝盖受过伤，现在还隐隐发痛，不太敢一个人驱车。于是，我就只能陪她去购物了，从伍尔沃斯（Woolworth）购买了一大堆食品后，下到购物中心底楼时，波拉说她很感谢我，想请我喝一杯咖啡作为对我付出辛苦的补偿。顺带介绍一下，悉尼各个购物中心的咖啡店，一杯拿铁或者清咖的正常价格是 2.5 澳元至 3.5 澳元。笔者觉得自己付出的辛苦不值这么多钱的，于是就回答她，自己从来不喝咖啡，只喜欢喝茶。波拉说喝茶也可以的，她也喜欢英式红茶。我说我喜欢的是绿茶，其他茶不喝。"喔，原来是绿茶啊，那这里没有的。不过，我听说过绿茶这种东西，我并不是个孤陋寡闻的人。但你确定这种用树叶直接泡出来的水能喝吗？"

绿茶

8 文化饮食的障碍

有时致力于美食写作的美国作家对法餐的描绘都是绝妙的黑色幽默。比如说，蓝酱鳟鱼"不过就是先把鱼在热水中烫死，那模样活像罗马皇帝在洗热水澡"，然后浇上"足够让整团军人血管栓塞的融化黄油"；蜗牛经过烹煮后被迫缩回到壳里，"对于投胎转世没有流露出丝毫憧憬"；有时，同样一道菜会装在名称是"夜壶"的陶罐里……

法国口味和盎格鲁－美利坚口味之间的历史分歧，其实只是一个普通事实的极端例子而已。这个事实是，食物和语言与宗教一样（或许程度更甚），是文化的试金石。通过食物可以形成认同，因而无可避免地带来分化。同一文化社群的成员经由食物而辨识出同伴，并通过审视菜单而查出异己者。跨文化饮食的障碍在历史上由来已久，深植在个人心理当中。个人的口味很难调整，人们一再回归熟悉的味道。比如现在的上海到处都是"外婆家""奶奶的味道"这一类名称的餐馆；浙江卫视有一档真人秀节目《熟悉的味道》，主打"共情"这一关键词，每期用一道熟悉的味道来回顾岁月变迁，展现不同年代的经典瞬间。

移民往往会抵制本地族群的饮食。20世纪时，日本工人被引进斐济，补足死于麻疹的成千上万名当地人。虽然斐济物产丰饶、饮食丰富，几乎没有当地人因营养不足而引发疾病，但日本人却不吃当地产品，仍仅靠白米饭维生，结果大部分工人死于脚气病，幸存者则被遣返。16世纪西班牙殖民南美洲时，一位玛雅高地的酋长拒绝西班牙人的蜜饯，抗议说："我是印第安人，我太太也是。我们的食物是豆子和辣椒，最好想吃火鸡时，也有火鸡可吃。我不吃糖，糖渍柠檬皮可不是印第安人的食物，我的祖先不知道有这种东西。"尼古拉斯·德·马斯特里罗是耶稣会秘鲁区会长，他在年轻时曾和其他传教士翻山越岭、穿越丛林，寻找尚未皈依基督教的印第安人。马斯特里罗带领众传教士传经布道时遇见过一批印第安人，与他们同坐树下饮宴，后者的友善和慷慨令他十分高兴。印第安人认为耶稣会教士和没有神职的西班牙人分属不同的种族。可是。后来险象骤生，有位印第安人突然改变态度，说："我认为这些人不是真的神父，而是乔装打扮的西班牙人。"有一时半刻，现场气氛十分紧张，马斯特里罗以为自己小命休矣。稍后，那位印第安人又语气放松地说："不对，他们一定是神父，因为他们吃我们的食物。"（参见〔英〕菲利普·费尔南多－阿梅斯托：《吃：食物如何改变我们人类和全球历史》第六章第一节《跨文化饮食的障碍》，中信出版集团2020年版）

9 移民二代的口味选择

　　说起移民对本地族群饮食的抵制，笔者认为这仅仅是移民第一代的行为，和他们的子女无干。我举两个与中国移民第二代儿童共餐的例子。

　　一次是笔者一位以前的女同事从比利时回国，带着她五岁的儿子，邀了一群以前要好的同事去她下榻的酒店中餐厅用餐，点了满桌的美食，膏蟹、鱼翅什么的都有。然而，她的儿子说，没有一个菜可以吃。同桌的其他人问是否从菜谱中再选几个他爱吃的？女同事说："没用的，他一样都不会吃。这样吧，直接去对厨师长说，看是否能做一个葱花炒鸡蛋？"几分钟后，葱花炒鸡蛋上桌了，她儿子欢天喜地地吃起来，整个中午餐就只吃这一个菜。

还有一次是在悉尼，属于某种机缘巧合，一个三岁混血男孩的华裔母亲邀请笔者去一家俱乐部"饮茶"，"饮茶"就是广东人讲的"喝早茶"。这是一家会员制的高级俱乐部，中餐厅的档次很高。等到精致考究的广式茶点摆满一桌时，那个小男孩说："I don't like Chinese food！"（我不喜欢中国食物！）他母亲不好意思，忙起身道歉，说她儿子其实不是这个意思，他们家也从来不排斥中国人和中国食物，他平时在家也经常吃 dumplings（饺子），今天也不知道怎么搞的……一通颇为无奈的解释。

广式茶点

10 全球化世界呼吁饮食的国际性跨越

各个地域文化对新的烹饪影响一开始甚至长久都会产生集体性的抗拒甚至仇视心理。这是人的习性吧，凡是外来的都不会被轻易接受，而往往被群起攻讦为异物。所谓"国家"菜从来就不是源自全国各地，最初只是地区性的烹调习惯，食材受限于当地自然风土；其菜品并不排斥新产品的出现，同时也遵从地区传统，有的仍保持传统原貌，有的则历久弥新，或具有向外传播的特质。然而，当一种烹饪风格被贴上国家的标签后，便陷入了某种程度的僵化：必须保持它的纯净，不受外来影响。这正是为何有那么多饮食文学描述对外来菜肴的反感。外来菜肴的背后是外来文化，而外来文化的兴起将威胁本地文化基因的独立性。

传统菜品必然包含有关地区盛产的几种主要食物和调味料，这些材料早已渗入大众集体口味，一再让味蕾尝到弥漫在记忆中的同样滋味，最终使人们普遍对其他味道无动于衷乃至无法接受。食物不易在不同文化之间传递。然而眼下，我们不但食用自称为"融合""国际"菜肴的高级饮食，而且还活在一个全球化的世界。在这个世界里，菜品和食材正兴致勃勃地在不同的地区之间交流。这些国家有意大利（比萨和意大利面）、墨西哥（塔可饼和墨西哥卷饼）、中国（云吞和春卷）、印度（咖喱和飞饼）……不同地区之间的沟通日益良好，拓展了饮食的领域，使饮食的交流达到有史以来的最高点。食物和饮食方式的传递在文化上的障碍如何被跨越或打破，是食物史上最令人好奇的问题。

必胜客的比萨饼

11 西西里式

之前讲过，罗马诗人贺拉斯谴责上流阶级的饮膳之道为"波斯式""西西里式"。何为西西里式？现在有必要介绍一下属于意大利共和国西西里大区管辖的西西里岛，它是地中海最大的岛屿。

著名诗人歌德曾经这样描绘过西西里："如果不去西西里，就像没有到过意大利：因为在西西里你才能找到意大利的美丽之源。"这是他为寻找西方文化的根源第一次来到意大利。的确如此，这个地中海上最大的岛屿，也是意大利面积最大的省份，的确是一块巧妙的土地，这里迷人的自然风景与人文风景非常和谐地融合为一体，自然有从古至今曾经居住在这里的人们为证：这里曾经居住过希腊人、古罗马人、拜占庭人、阿拉伯人、诺曼人、施瓦本人、西班牙人等，他们的文化已然印证在这里了。请注意，歌德是为寻找西方文化的根源来到西西里的，这就再次印证了西方餐饮文化的根源有一大部分并不属于传统的西方世界。

13 世纪时，西方大规模出现食谱书，穆斯林宫廷的烹饪艺术成为这些书的素材。西方吸收的影响可分为三方面：餐桌审美、对奇珍异食的强调、

西西里岛一瞥

《歌德在意大利》(〔德〕缇士拜恩绘于1787年)

偏好浓甜的口味。穆斯林宫廷食物的审美观与基督教艺术的审美观相似，偏好黄金和珠宝器具，顶尖厨师的目标就是要呼应这种审美观。根据10世纪一篇标题为《巴格达厨师》的文献，厨师用番红花做出红玛瑙的效果，把糖做成钻石形状，肉则依色泽深浅分别切片，交错排列，"好像金银币"。基督教国家的神圣场所和祭坛点着浓浓的熏香，穆斯林王室宴会厅的餐桌上则飘着浓浓的香精味：杏仁乳、杏仁碎、玫瑰露等都成为主要的食材。

12 战争促成食物国际化

有一些力量可以渗透文化障碍，促成食物的国际化，其中之一是战争。军队带来了文化影响，也改变了现代战争的内容。军队动员大批的普通人，把他们分派到全球各地，很诡异地作用于国际间的相互了解。就口味来讲，军人们既已感受过美味，就很难再甘于家乡的粗茶淡饭。要不是归国的军人把他们喜好的咖喱带回英国、把印度尼西亚菜带回荷兰和家人朋友分享，那么爱吃咖喱和印度尼西亚菜的，可能就仅限于移民和以前在殖民地从事行政管理的精英阶层。（参见〔英〕菲利普·费尔南多－阿梅斯托：《吃：食物如何改变我们人类和全球历史》第六章第二节《打破障碍：帝国效应》，中信出版集团 2020 年版）

这里有必要介绍一下咖喱的前世今生。

咖喱的历史可以追溯到几千年前。1563 年葡萄牙人奥尔塔所撰《印度香药谈》中已有相关描述。咖喱是东南亚以及欧洲等地区菜肴中调味酱的统称。这种调味酱由五花八门的香料混合而成，常见的几种有丁香、姜黄、香菜籽、孜然、小茴香、姜、胡椒、辣椒、肉桂、豆蔻等。

香料是印度菜肴最重要的调味品，随便一个普通集市上就能找到几十甚至上百种香料。不同的香料可以实现酸、辣、香等不同的调味效果，通过调节成分和配比，就能得到层次丰富的各种味道。这种调味酱并没有固定的配方，每个地域各有特色，甚至同一地域各家各户的做法也有不同，而且很少有预先调配好的成品贩卖，一般都是主妇在做菜时现场调配。其实在印度，"咖喱"这个词并不

各种印度香料（图片来源：pixabay）

常用，一般是面向外国人时，为了方便理解才会使用。

既然印度人不怎么用"咖喱"，那这个名字又是怎么来的呢？15 世纪，葡萄牙商人在印度西海岸做生意，无意中尝到了一种口感辛辣的炖菜，便根据印度南部方言泰米尔语中一个酱汁发音为 Kari 的词语，创造出了"Carel"这个称呼。1600 年，英国东印度公司成立，在亚洲地区进行贸易活动，不到 1 个世纪的时间，就挤走了葡萄牙人，成为亚洲地区的海上霸主。

"Carel" 也在 18 世纪从印度传到了英国等地区，这种来自东方的神秘美食令欧洲人深深着迷。

"Carel" 也在这段时间里渐渐变成了现在使用的 "Curry"，泛指用各种香辛料调味制作的酱汁。英国人吃的咖喱在印度咖喱的基础上对口感进行了不少调整，很好地迎合了自己的胃口，也不像印度当地有那么多复杂的花样，很快就被广泛认知和接受了。

尽管葡萄牙商人是先来者，创造了咖喱这个名字，但把咖喱推广到全世界的功劳，绝对属于英国人。

印度在很长时间里是英国的殖民地，所以英国海军经常往返两国之间，他们在航行时常把蔬

东印度公司总部大楼位于伦敦利德贺街（1929 年拆除）

菜和肉放到一起煮，再用牛奶勾芡浓稠汤汁，通常搭配面包食用。在长时间的海上航行中牛奶很容易腐坏，而咖喱和勾芡的面粉却能长时间保存，渐渐地咖喱就成了英国海军的常备餐食。（参见《印度的咖喱，竟然是英国人发明的？》，https://k.sina.com.cn/article_1831650534_6d2cc4e600100pezr.html）

黄金咖喱

饥饿和战争等其他类似的紧急状态，能够使人去食用他们原本觉得怪异的食物，或者应用新食材对原先的口味进行改良。

时至今日，在甜菜糖这件事上，英国人对拿破仑仍旧耿耿于怀。拿破仑战争期间，英国人凭借强大的海军控制了海路运输，他们的如意算盘是，爱好美食的法国人一定无法容忍自己的厨房里居然没

《跨越阿尔卑斯山圣伯纳隧道的拿破仑》(〔法〕雅克－路易·大卫绘于1801—1805年)

有一瓶来自阳光灿烂的加勒比甘蔗园的白糖。这样一来，拿破仑要么乖乖把银子贡献给英国商人，要么就等着愤怒的法国民众起来造反。拿破仑的运气在于，一个德意志人60年前已经发明了从红菜头里提炼糖的工业方法；他的魄力则在于，直接禁止从英国进口蔗糖，在法国本土划出了3.2万公顷的土地以行政命令保证红菜头的种植，以及补贴甜菜糖工厂的建立和生产。300年后的欧洲大陆，如今仍是蔗糖与甜菜糖共存的消费格局。对此，英国人只好咒骂拿破仑"小气""专制""功利主义"。

早期来自大航海的土豆在欧洲并不受欢迎。1748年法国出版的烹饪书籍《汤头学校》，说食用土豆可能会感染麻风病，建议政府应禁止栽培土豆。从16世纪中叶到18世纪末，土豆被欧洲人歧视、冷落了200多年。有些虔诚的天主教徒还将土豆称为"恶魔果实"，即使肚子再饿也不让土豆入口。欧洲人后来之所以放弃对土豆的偏见与攻击，关键原因为连续发生了多个战争和接踵而至的大饥荒。18世纪，欧洲连续发生西班牙王位继承战争（1701—1714）、奥地利王位继承战争（1740—1748）等国际大战，各国之间厮杀不断。政治社会制度混乱加上气候失调，18世纪中叶之后的西欧和南

甜菜

欧，陆续发生严重的大饥荒。问题最早爆发在德意志。北方普鲁士连年歉收，哀鸿遍野，腓特烈二世的农业专家注意到被农民冷落的土豆有很高的栽培价值，便说服国王下令强迫民众种植和食用土豆。土豆渐渐成为德意志民族不可或缺甚至最为喜好的食品。土豆在法国也有类似际遇。因为战争导致饥荒，法国政府于 1772 年授权布赞松科学院悬

土豆

赏论文，主题是"可解决粮食不足、避免饥荒的食物"的研究。结果被评为第一名的论文，研究主题便是土豆。该论文作者是安德瓦努·A. 帕尔曼狄耶，后来被法国人尊为"土豆之父"。帕尔曼狄耶在论文中一再强调，土豆是唯一能解决法国饥荒的粮食，值得举国重视。这篇论文发表后不久，法国大革命爆发，全国陷入动荡，粮食生产失调，土豆终于派上用场，成为最佳救荒粮食。（参见何宏编著《中外饮食文化（第二版）》8.3《世界饮食文化交流》，北京大学出版社 2016 年版）

　　在地中海的深处，有一个小岛，名叫米诺卡岛，岛上有个小镇叫马翁镇，它便是传说中蛋黄酱的发源地。

蛋黄酱

　　据说在 18 世纪，当时属于英国领地的麦内路卡岛被法国军队攻占。一天，法军总司令黎塞留公爵来到马翁镇上的一家小酒馆喝酒。

　　"有什么可以吃的吗？"公爵大人问道。

"就是不知合不合您的口味，如果要吃肉的话，这里倒是有一些。"店主人诚惶诚恐地回答。

"嗯，行，做得好吃点。"公爵大人看起来心情不错。店主走进厨房，不一会儿，拿出了做好的肉。

"这个黏糊糊的酱是什么东西？"公爵从没见过这种吃法。"哦，是在我们岛上经常吃的一种酱，怎么样，味道行不行？"店主小心翼翼地问，生怕把公爵大人惹恼了。

"嗯，太好吃了！请把这种酱的做法教给我，好吗？"黎塞留公爵仔细听完这种酱的制作方法，并把鸡蛋和油的用量分别记了下来。

回到巴黎后，公爵给这种酱起名叫"马翁酱"，并经常在王公贵族的聚会上用来招待宾客和朋友。结果这种酱大受欢迎，很快在当时号称"世界之都"的巴黎流传开来。之后又逐渐流入寻常百姓家。它就是今天蛋黄酱的前身。（参见《沙拉酱－中文百科》，http://m.zwbk.org/lemma/176129）

奥地利国菜——维也纳炸肉排并非源于其本国，而是战争促成的国际化交流菜肴。喜爱古典音乐的朋友一定知道，每年维也纳新年音乐会的二次谢幕曲固定是《拉德斯基进行曲》。这首曲子由圆舞曲之王约翰·施特劳斯的父亲老约翰·施特劳斯所作，专门用于向拉德斯基将军致敬。拉德斯基将军是19世纪前叶奥地利最有名的将领，他在奥意战争中，率部在库斯托扎和诺瓦拉两地击败意军，并镇压了1848年意大利革命，后任伦巴第－威尼斯总督。在任总督期间，他尝到了一款米兰的传统美食米兰肉排，并对此赞不绝口。在写给当时奥匈帝国皇帝，也就是茜茜公主的丈夫弗朗茨·约瑟夫一世的工作报告中，将军特意提到了这款美食。等到拉德斯基返

维也纳炸肉排

回维也纳后，皇帝本人特意向将军征询了这道菜的菜谱，并且稍作改良之后，以维也纳肉排的身份闪亮登场，迅速成为享誉世界的奥地利名菜。（参见《真正免费的超级大号维也纳炸猪排》，http：//bbs.abcdv.net/forum.php? mod=viewthread&tid=227241）

13 口味因经济利益而改变

如果有某些食品特别有利用价值，人也会基于自己的经济利益而改变饮食内容。新西兰的毛利人在 18 世纪晚期重新调整食物生产的重点，致力于生产猪肉和马铃薯，卖给欧洲来的军舰和捕鲸船，而他们以前根本不认可这两种食物。

文化还具有一种自发的魔力，能够改变口味，使某些社群模仿文化威望较高的饮食风格。比如，英国人在第二次世界大战后仍然爱吃斯帕姆（Spam）午餐肉罐头，这种罐头本是战时的美国援助食品；而午餐肉即便在今天中国各大城市的火锅店依然是不可或缺的食材。

午餐肉的起源，和美国的大萧条时期紧紧相连。20 世纪 30 年代的大萧条时期，美国家庭大多节衣缩食，除了基本的生活必需开销外，摒弃了很多购物需求，就连吃肉也变成了逢年过节的专属仪式。这对于肉类公司来说，无疑是雪上加霜。如何在保障肉厂基本收益的前提下提高肉类销量，成了一个"老大难"问题。但荷美尔公司的"太子爷"杰伊·荷美尔却想到一个绝妙主意：用廉价的猪肩肉，做出人人买得起的午餐肉罐头，问题不就迎刃而解了嘛！初代午餐肉销量并不好。即便已经揭不开锅了，人们也难以接受看起来像是"腐肉"的猪肉罐头。于是，荷美尔想了各种

斯帕姆午餐肉罐头

办法自救。质感不好？那就添加亚硝酸钠，让猪肉罐头粉嘟嘟起来。真正让 SPAM 站上战时食品地位的，正是让全人类为之痛心的第二次世界大战。1941 年，日本偷袭珍珠港，美国被迫参战。一时间，几百万名美军奔赴世界各地。兵马先行了，可粮草还没准备齐全，正当美军后勤部门为挑选既方便运输、又方便食用的肉类蛋白质食品而发愁时，荷美尔公司果断抓住商机，将 SPAM 顺势推销给了美军。于是二战期间，美军花费了近 4 亿美元采购了数十亿磅的 SPAM。"早上挖着吃，中午煎着吃，晚上烤着吃"午餐肉，这是战争高峰期美国大兵的常态。但不管多好的东西，天天吃也受不了啊。于是，"下水肉""疑似肉""灵肉"的外号就在美军内部叫开了。美国俚语 spam mail（垃圾邮件），就是二战时陆军创造的，也只有他们才会对午餐肉如此恨之入骨。仗还没打完，午餐肉已成了美国大兵心中的"噩梦"了。

可"饱汉不知饿汉饥"，他们肯定想不到，在世界其他地方，那些被他们视如噩梦的午餐肉却绝对地受欢迎。对于英国、苏联等美军盟友来说，午餐肉受欢迎的程度不亚于美军援助的各式武器装备。被美国"占领"的夏威夷、冲绳，因当时政策封锁的原因，也将午餐肉视为珍馐。每年 5 月，夏威夷都会举办盛大的"威基午餐肉狂欢节"，推出各种午餐肉创意烹饪。午餐肉已然成为当地饮食传统的一部分。冲绳的日裔也喜欢用午餐肉代替鱼、海苔和米饭做成 Spam musubi，这种饭团一直流行到现在。

朝鲜战争时期，美军士兵丢弃的午餐肉罐头、香肠等被当地人回收，和泡菜放在一起煮，成为一道脍炙人口的韩国料理名菜"部队火锅"。韩国当时比较穷，当地人为了吃上

部队火锅

肉，最简单的做法就是去捡美军丢弃不要的各种罐头，然后把这种罐头和当地的食材放在一起乱炖。

中国的第一罐国产午餐肉，是由上海梅林罐头厂生产的，但那时国产午餐肉只做出口生意，所以中国人并不容易吃到它。直至 20 世纪 80 年代，午餐肉才真正摆上中国大众的餐桌。不论是平底锅中煎的，火锅中随红汤翻涌的，还是放在泛着氤氲水汽泡面上的……午餐肉都不会缺席。（参见《你爱吃的午餐肉，在美国都算垃圾！》，https://new.qq.com/rain/a/20210128A0DCD900）

如今，仍有发达国家用过剩物资救济饱受饥馑之苦的第三世界国家，包括"泛滥成湖"的乳制品和"堆积如山"的小麦，从而使得排斥乳糖的文化社群改吃起乳制品，使爱喝粥的人改吃起了面包。

14 牛奶在中国成为常见食物有多久

牛奶是最古老的天然饮料之一，甚至被誉为"白色血液"。牛奶中含有丰富的蛋白质、脂肪、维生素和矿物质等营养物质，乳蛋白中含有人体所必须的氨基酸；乳脂肪多为短链和中链脂肪酸，极易被人体吸收；钾、磷、钙等矿物质配比合理，也易于人体吸收。现在，牛奶及其乳制品已经成为常见食物，对中国普通家庭来说十分寻常。

难以想象的是，这样大规模占据中国人餐饮生活的食品，离它初次到来的时间并不久远。

牛奶

100 多年前，来自美国的传教士卫三畏（Samuel Wells Williams，1812—1884）撰写了一部描述晚清中国社会文化的著作《中国总论》（上海古籍出版社 2005 年版），他在这本书中大发议论："在我们看来，没有面包、黄油和牛奶的中式餐，并不算是完美的一餐。"现代，美国著名人类学家马文·哈里斯在对食物进行深刻研究后，在其著作《好吃：食物与文化之谜》（山东画报出版社 2001 年版）中评价道："对奶在饮食中的利用，中国人具有一种难以改变的成见。在中国的菜谱里，没有菜用奶作为材料——鱼或肉不用乳酪作为佐料，不制作类似于干酪片或牛奶酥的乳酪制品，从来不给蔬菜、面条、米饭以及饺子加上黄油。"不得不说，这是外国人对中国的一种"刻板印象"。（参见《中国人很少吃奶制品？》，https://www.sohu.com/a/373249859_521231）

历史上，牛奶在中国的汉族社会曾被视为野蛮入侵者（北方游牧民族）的食品，多数人退避三舍。中华人民共和国建立后，奶粉最初出现在需要使用供应券的商店里。1949 年中国仅有奶牛 12 万头，而今中国已成为世界第三大牛奶生产国。牛奶在改革开放后已然成为现代社会、富裕社会及国家能"喂养"民众的象征。这种转变受到中国政府推动，对后者来说，牛奶不仅是食品，还是一种战略工具。百姓吃得起这类食品是政府成就的象征，让人人能吃上牛奶也是缩小城乡差距的途径。但根据公开数据，2019 年中国农村地区牛奶人均消费量仅为 11.47 千克 / 年，而城镇地区牛奶人均消费量为 31 千克 / 年，城乡消费差距仍较大。（参见《世界能解中国对牛奶无穷无尽之渴吗？》，英国《卫报》2019 年 3 月 29 日）

15 本帮名菜的"卑贱"出身

上海本帮菜的一道名菜是虾子大乌参，诞生于 20 世纪 30 年代，由沪上著名本帮菜馆德兴馆的厨师创制。当年大乌参却是过剩物资，并且与战争有关。

1937 年 7 月 7 日发生卢沟桥事变，日本开始全面侵华。八一三淞沪会战之后，中国军队南撤，上海市内的公共租界（又名英美租界）和法租界沦为"孤岛"。当时，南市十六铺经营海味的商号生意冷清，销往港澳及东南亚的一大批乌参积压。

1930 年代属于公共租界的上海外滩（右侧为 1924 年建成的欧战纪念碑，1941 年遭日寇破坏）

　　创立于光绪四年（1878）的德兴馆所在的上海十六浦"洋行街"，有很多经营南北土产和山珍海味的商行，南北货和咸鱼之类生意很好，但当年海参之类销路欠佳，因为上海人曾经只喜欢食河鲜，不喜欢吃海参。由于德兴馆经营本地风味菜肴，顾客盈门，生意兴隆，那些海味经营者为了在上海打开海参的销路，就积极设法与该店联系，希望大厨们能将海参制成美味佳肴出售。一家名叫义昌海味行的老板，首先将外地运来的干海参样品，无偿送给德兴馆试制菜肴。德兴馆的本帮菜厨师蔡福生和杨和生，就将海参水发后，加笋片和鲜汤调味制成红烧海参出售。这在上海本地饭店是首创，德兴馆开发经营之后，红烧海参立即便成为最吃香的名菜。后来该店厨师考虑到海参营养虽足，但鲜味不够，故改用鲜味浓厚的干虾子作配料，做成虾子大乌参，将海参的口味吊鲜。几十年来，此菜一直盛名不衰，成为本帮名菜。

虾子大乌参

16 饮食的殖民化与逆殖民化

历史上，常可见到饮食的模仿效应。最显著的例证是在中世纪的鼎盛时期，西欧的饮食口味充斥着阿拉伯的影响，之前的章节已有论述。有个迷思是，中世纪时占领西班牙的穆斯林使得西班牙大多数地区的烹饪至今爱用橄榄油。但基督徒厨师喜欢用的是猪油，猪油正是基督徒饮食的关键特色，因为相对来说，穆斯林和犹太人都不吃猪油。15 世纪晚期的编年史作家、修士安德烈斯·贝纳尔德斯（Andrés Bernáldez）曾以一张表详细列举了犹太人和穆斯林的种种"恶行"，最令人发指的莫过于"他们恶心的炖菜，是用橄榄油煮的"，看起来比不合人道、德行败坏、不正当、不光荣和虚伪的行为还要罪大恶极。西班牙去阿拉伯化之前，有一部分地区因穆斯林不够重视而未被征服，仍是基督教饮食的天下，这些地区或森林密布，或高山峻岭遍及，有的是寒冷的高原地带，有的则为大西洋气候，全都不适合种植橄榄树，却适合大规模饲养猪。西班牙人是在犹太人和穆斯林都被驱赶、驱散或皈依基督教后，才开始爱用橄榄油的。到了 17 世纪，宗教隔膜已无法抑制橄榄油业的大规模扩张。当然，许多传统菜品仍不用橄榄油，比如细火慢炖的马德里炖菜（cocido madrileño），就是用柔滑的肥猪肉来炖鹰嘴豆和其他各类豆子的。

真诚的模仿所产生的影响是很令人惊讶的，因为它们有时会扭转主流文化的趋向。举例来说，我们如果看到印度模仿伊朗烹饪就不必惊讶，因为 16—19 世纪，波斯文在印度是很受推崇的，它是莫卧儿帝国宫廷、公众事务、外交、文学和上流社会的语言。然而，烹调上的影响方向有时候却是相反的。伊朗人偏爱昂贵的稻米品种，并以此彰显高贵的身份。但伊朗人吃的稻米品种并不适合当地气候，它在伊朗种植后，产量会代代衰退，必须从印度重新进口种子。在伊朗，米饭的做法也十分费事，得先用水泡并煮至有嚼劲，费时共两个小时，然后盖上酒椰叶子，拌和油脂蒸半个小时，接着加进佐料，有烤羊肉、酸樱桃、香药草、莳萝、番红花或姜黄

马德里炖菜

等。所以如此制作繁复的米饭在伊朗起初只能是宫廷食物。（参见〔英〕菲利普·费尔南多－阿梅斯托：《吃：食物如何改变我们人类和全球历史》第六章第二节"打破障碍：帝国效应"，中信出版集团 2020 年版）

殖民会使得移居国外者的饮食习惯产生转移，使其味觉重新被教育，当他们回国时便带回了新的口味，从而促使母国的烹饪潮流混合异族风格，让口味的"反殖民"力量获得释放。

300 多年前，英国人打败莫卧儿王朝，开始对印度进行殖民统治。大批英国人来到印度，久而久之，生活习俗、饮食习惯都跟当地人一样。后来，一批批的英国人就把"用各种香料调配食物"的吃法带回了英国，其中最重要的就是之前已经讲过的咖喱。英国人对于咖喱的青睐程度非同一般。有调查显示，英国专门提供咖喱餐的餐馆数量超过一万家，行业人数超过十万，年产值超过 40 亿英镑。咖喱在英国十分普遍，随处可见各种印度、孟加拉与巴基斯坦风格的咖喱餐厅。新鲜研磨的咖喱在英国日渐盛行，生姜、大蒜等新鲜草本香料加上焙香的各种干香料，用石臼研磨成酱，再用食用油炒香，味道远比那些在货架上堆了好久的咖喱粉香浓馥郁得多。英国把咖喱称为国之调料的主要原因，是咖喱鸡块成了英国的国菜。这种由

咖喱鸡块

咖喱、酸奶、辣椒、香料烹调鸡块的做法，源于印度，早已在英国深入人心。时任英国外交大臣的罗宾·库克在2001年的时候亲自宣布，咖喱鸡块就是英国的国菜。但英国人其实并不是什么咖喱都特别爱吃。在英国的餐馆里品尝过当地咖喱菜的人会明白，英国人爱吃的是英式咖喱，而它有一个更地道的名字——伯明翰巴蒂（Birmingham Balti）。在1977年，一个名叫穆罕默德·阿里夫的巴基斯坦人，从巴基斯坦来到英国，同时也把自己家乡的咖喱美食带来了英国。他在英格兰城市伯明翰开了一家餐厅。很多人认为穆罕默德·阿里夫是第一个将伯明翰巴蒂带到英国的人。咖喱鸡块里的咖喱用的就是这种英式咖喱。在铁锅里烹饪的咖喱保持了咖喱的热度和美味，搭配上囊的硬度，对于英国人来说简直完美。英式咖喱里除了洋葱和大蒜外，通常还要加入如姜黄、辣椒粉等香料，这种口味的咖喱粉在当地超市里很容易找到，因为总被摆在最显眼的位置，供消费者随手采购。很多当地人买回家后自制咖喱鸡汤。（参见《英国人吃什么样的咖喱》，http://column.caijing.com.cn/20181224/4548973.shtml）

然而，印度美食博主查赫蒂·班萨尔（Chaheti Bansal）最近在"照片墙"（Instagram）上发布一个视频呼吁各国人民停止使用"咖喱"一词。她在视频中说，"咖喱"一词是白人强加在印度烹饪上的。印度幅员辽阔，每100千米食物都会有所变化，"咖喱"只是一个地区的一种烹饪手法，不能代表全部的印度美食。因此，她要求终止使用"咖喱"这个词，认为它具有殖民主义的内涵，反映了当年英国殖民者的傲慢和自大，他们根本不愿意去了解印度美食而只用"咖喱"来统称印度所有香香辣辣的菜肴，这种做法严重伤害了印度饮食文化的多样性和文化传承！

"Kari"（"咖喱 curry"）在泰米尔语里指的就是酱汁、米饭一类的东西。

但在印度其他语言里，"Kari"一词有着不同含义，有的时候指"配菜"，有的时候指"熏黑"。而现在我们吃的大部分所谓"咖喱"饭，其实是英国人带回欧洲后改良的"典型"咖喱，它指的是印度北部的葛拉姆马莎拉（Garam Masala）配方。这种配方中除了姜黄外，还有辣椒、胡椒、小豆蔻等辣味成分。而其实，印度的咖喱配方有很多种，"咖喱"与其说是一种香料，不如说是一种香料组合。但不管什么咖喱，姜黄、香菜籽和小茴香都是基底，然后再根据不同地区的传统和个人喜好，挑选肉豆蔻、洋葱、胡椒、肉桂、孜然等四五十种香料中的一部分进行组合。

激进人士认为如果继续使用"咖喱"是对印度文化的一种侮辱。但温和派人士则认为"咖喱"这个词并不涉及种族主义和殖民主义，英国人不是侮辱，他们只是懒惰和无知。现在咖喱早已经不是专指印度的特色美食，英国咖喱也好，印度咖喱也好，泰国咖喱也好，日式咖喱也好，人们在吃的时候并没有感觉到什么"种族歧视"的意味。（参见《英国名菜"咖喱鸡块"被控涉及殖民主义，印度根本没这东西！》，https://page.om.qq.com/page/OD72h-dfvs4NLvhpRcRBdiBw0）

在英帝国势力逐渐衰退时，返乡者带着多半是热带风味的胃口回到欧洲。由于厨师和餐饮业者致力于迎合这些归国者的口味，并促使没有殖民经验的顾客群体也爱上这些菜，逆殖民化饮食就此兴起。在后殖民时代，英国、法国和荷兰分别成为把印度菜、越南菜、北非菜还有印度尼西亚菜传至全球的跳板。虽说移民往往会抗拒本地社群的食物，却也可能被迫适应。移民想要生存下来有一个方法，就是模仿他们接触到的饮食习惯，或是接受当地的食品，比如美国感恩节的食物。（参见〔英〕菲利普·费尔南多－阿梅斯托：《吃：食物如何改变我们人类和全球历史》第六章第二节《打破障碍：帝国效应》，中信出版集团2020年版）

火鸡是感恩节的传统主菜。为什么要在感恩节都食火鸡呢？这要从感恩节的由来说起。1620年，英国一批主张改革的清教徒，因理想和抱负不能实现而退出国教，自立清教，此举激起了英国当政者的仇恨。这些清教徒们不堪承受统治者的迫害和歧视，先逃到荷兰，9月初，再乘船远渡重洋，流亡美国。船在波涛汹涌的大海中漂泊了65天，于11月终于到达

烤火鸡

了美国东海岸，在罗得岛州的普罗维斯敦港登陆。

当时，此处还是一片荒凉未开垦的处女地，火鸡和其他野生动物随处可见。时值寒冬，来到陌生的地方，缺衣少食，恶劣的环境威胁着人们的生命。在这生死攸关的时刻，当地印第安人为他们带去了食物、生活用品和生产工具，并帮助他们建立了自己的新家园。

这些英国人在安顿好新家以后，为感谢在危难之时帮助、支援过他们的印第安人，同时也感谢上帝对他们的"恩赐"，于当月（11月）第四个星期四，将猎获的火鸡制成美味佳肴，盛情款待印第安人，并与他们进行联欢，庆祝活动持续了3天。此后，每年11月第四个星期四，殖民者都要举行这样的庆祝活动，除招待印第安人吃烤火鸡外，还在一起举办射箭、跑步、摔跤等体育竞赛，夜晚还围着篝火尽情歌舞，共享欢乐。(参见百度百科"烤火鸡")

爪哇岛一隅

相对来说，荷兰人基于对荷兰菜的自谦心理，对其他文化的食物往往欣然接受。印度尼西亚米饭餐被视为荷兰的国菜，它最早源自于荷兰殖民时代的爪哇岛。印度尼西亚米饭餐是荷兰的国菜，荷兰人竟然这么讲。

　　米饭餐 "Rijssttafel" 是荷兰语，是荷兰式米饭配上十数道印尼小菜的丰盛菜肴。在印度尼西亚受殖民统治时期，荷兰人的生活极其奢靡，所以荷兰人乐于回想那个丰饶、掌有特权的时代，那段和印度尼西亚王公共享盛宴的往日时光。要烹饪美味的米饭餐并不容易，因为一次得做很多道菜，每道包含很多种材料。除了作为核心的一碗饭，同时还得准备十几样不同的菜品，放在黄铜容器里或酒精灯上保温。炒辣椒酱绝不可缺，这是用辣椒、多种香料、洋葱和蒜拌炒而成的酱料，可用来浇在肉或鱼上，配鱿鱼尤其好吃。另外还有好几种配方不同的辣椒酱，有的加了酸橙皮，有的加了虾酱。（参见〔英〕菲利普·费尔南多－阿梅斯托：《吃：食

Rijssttafel（米饭餐）

物如何改变我们人类和全球历史》第六章第二节《打破障碍：帝国效应》，中信出版集团 2020 年版）

　　"Rijsttafel" 并非一开始就在荷兰本土如此受欢迎。它的起源虽与殖民时期的荷属东印度公司有千丝万缕的联系，但它真正获得普遍欢迎，却与后殖民时代、印度尼西亚的独立，以及荷兰对自己辉煌过去的历史想象相关。

　　传统的印尼食物大多是一碗米饭配一两个菜。况且印度尼西亚人口组成复杂，地理位置跨度广，不同的岛屿与不同群体之间的食物特色不尽相同。而 "Rijsttafel" 无疑是文化杂糅的产物。对于它的起源很少有确切的说法，但其烹饪特色常常是印尼群岛各地乃至亚洲其他地区的风格混搭。早

在 "Rijsttafel" 出现在荷兰本土的餐桌上之前，它就已经成为一种对殖民地的文化想象，而且在该时期的文学作品中经常被提及。例如英国作家阿道司·赫胥黎（Aldous Huxley，1894—1963）就在其1926年出版的《开玩笑的彼拉多》（*Jesting Pilate*）一书中，描绘了自己在荷属东印度群岛旅行时，在餐厅吃到 "Rijsttafel" 的场景：长相似猴（the kindly little monkey-man）的爪哇侍者排着队等候着为客人呈上一道道菜。用印尼本地的原料和烹制方法绘制而成的菜肴，以荷兰殖民官员所熟识的方式被呈上餐桌。吃 "米饭" 代表官员们入乡随俗的努力，而这种 "盛有米饭的餐桌" 又是一种特权的体现：只有殖民者和官员才能在自家餐桌和高档餐厅享受到如此丰盛的宴席。

19世纪下半叶苏伊士运河的通航，使得人与货物的往来在荷兰和其殖民地之间熙熙攘攘。20世纪初，随着殖民官员退休回国，第一批带有荷属东印度特色的餐饮和杂货店在荷兰本土初兴。但是以 "Rijsttafel" 为代表的带有殖民特色的食物，一开始并没有受到广泛的欢迎，毕竟对于当时的荷兰人来说，马铃薯才是传统主食。大米虽然是一种被广泛消费的主食，但仍被视为外来食品。这些餐厅的受众仅仅限于退休的殖民官员，或者有着亚裔血统的荷兰人群体。而在印尼本土，在1945年宣布独立之后，民族主义作为建国根基，也渗透进了餐饮文化中。"Rijsttafel" 作为殖民遗存，自然而然地在印尼销声匿迹。但近些年来，这种餐食在一些航空公司的头等舱食物供应以及高档餐厅中有复兴的趋势。

在荷兰，近年来印尼菜开始大受欢迎，在各式各样的主打印尼菜、中餐乃至其他亚洲菜的餐厅都很常见。昏黄的灯光，橱窗里的木雕以及佛像，放着上世纪歌曲的黑胶唱片，满脸微笑的亚裔服务员，端坐着用刀叉享受美味的白人顾客，是这些餐厅的一贯景象。

"Rijsttafel" 可能是我们能在荷兰吃到的最好吃的菜了，而且这道餐食及其制作者和享用者之间的关系，具有极其微妙的历史文化内涵。（参见《荷兰餐桌上的印尼菜，植根于殖民者传统还是逝去时代的回声？》，https://www.thepaper.cn/newsDetail_forward_4802717）

一种食物的诞生、传播与流变，往往与其所在的历史社会背景联系紧密。小小的一瓶香料就能串起一段全球史。食物既是人们果腹与享受之物，也代表着自我认同与对世界的认识。鲜有一成不变的烹饪方式与食物，新原料的传入与人的因素的加入，都会给所谓的"传统"和"正宗"带来新的改变。

以前笔者只觉得殖民历史给殖民地带来了翻天覆地的变化，但现在发现殖民者及其后代们也在与（原）殖民地的交互关系中不断寻找和确立自己的定位。借用人类学中常常提到的一个概念，双方都在寻找"自我的他性"（otherness in self）。自我与他者的联系并不仅仅限于旅途中以及新闻报道中，全球体系中的每一个人都以某种或特殊或普遍的方式联结在一起，只不过有时候人们往往被误导，忽略了这些联系。

在法国殖民越南以前，越南菜虽长期受中国菜的影响，但在国际上却未享有盛名。后殖民时代传至法国的越南菜，则已受到法国美食的影响；法式长棍面包和可丽饼在现在的越南依然很常见。越南菜本质上是典型的东南亚菜，基本调味料是鱼露，味道比泰国鱼露重，并会加上酸豆角和香茅调和，使味道更鲜。越南菜大有垄断快餐业的潜力，因为包含了不少"用手抓了就吃的食物"，比如用生菜裹馅料，变成小巧的生菜包，还有用透明米纸包的

越南春卷

越南春卷等。春卷之于越南餐有些像饺子之于中餐，几乎是标志性食品。在越南，春卷的种类和做法十分多样，口味更是千变万化。所以，吃越南菜时点一份春卷绝对是不二之选。越南人往往和法国人一样，对食物保持着庄重的态度，认为食物非得经过悉心的烹调不可，同时应该怀着悠闲的心情去享受。（参见〔英〕菲利普·费尔南多－阿梅斯托：《吃：食物如何改变我们人类和全球历史》第六章第二节《打破障碍：帝国效应》，中信出版集团2020年版）

越南的许多主食都是法国菜，用当地的方式和配料加以改良，如煎蛋

卷、面包、牛角面包和任何用黄油炸的东西。某些烹饪原材料如花椰菜、西葫芦、馅饼和土豆等，在法国殖民时期传入越南。一些菜肴则是由法国当局官员及其家人要求越南厨师按该国的标准烹饪，而另一些来自越南厨师的创造，加入了本地的新配料。现在越南菜，有很多都受法国的影响。

在亚洲其他地方，面包并不那么受欢迎。但在越南，刚好相反，没有什么比面包更受欢迎。许许多多的越南人每天早餐吃三明治。法式长棍面包是由法国人引进的，但越南人也用大米粉作为原材料，代替面粉来制作面包。原因很简单，这样做出来的面包，更通风和多孔，更受越南人的喜爱。今天，整个越南，到处都有法式面包店。

越南法棍三明治（Banh Mi）是与越南火车头汤粉齐名的特色美食，曾被国家地理杂志评选为十大世界街边美食，是去越南旅游不容错过的。屡有各国名厨不远万里飞去越南就为品尝这街头的越南法棍三明治。越南法棍三明治是诞生于法殖民时期后经本地化改造而成就的面包种类。外面薄薄的清脆一层加棉花般绵软的内腔，配以肝酱，各色肉类如越南本土火腿（越南扎肉），蛋黄酱，青木瓜，胡萝卜丝或小黄瓜条，形成独具一格的三明治口味，令人食后难忘。越南当地各个摊位常会选择不同的肉类、菜类搭配，以致走遍一条街能吃到完全不一样口味的越南法棍三明治。(参见百度百科"越南菜")

越南法棍三明治

17 咖喱属于英国，马萨拉属于印度

有必要再专门讲一次咖喱这种概念存疑的香料。提到"咖喱"一词，世界上绝大部分人会想到印度，认为咖喱就是印度的。笔者认为，是，也不是。其实英国人大可以仿照澳门人的方式，既然澳门人把他们自创的菜系称为澳门葡式菜，英国人为何不能把咖喱称为英国印度式香料呢？

印度的香料历史确实很悠久，当地考古专家在出土的人类头骨牙缝与陶器碎片中注意到一些残留物质，经过仪器分析，发现里面包含了姜、姜黄、小茴香等香料，以及一些谷类的淀粉痕迹，年代距今至少 4000 年。

简而言之，至少在 4000 年前，活跃于印度这片土地上的人类就已经开始用香料为食物调味了。其中的姜黄和小茴香就是现代所谓的咖喱中的主要香料成分。

莫卧儿帝国初期，全印度都没有任何一种食物叫做"咖喱"。

1757 年英属东印度公司击败了莫卧儿帝国的孟加拉王公，后来取代了莫卧儿帝国的地位，获得了印度的统治权。为了统治印度，很多英国人来到印度，他们逐渐习惯了印度的香料口味。

到了 1784 年，伦敦的《晨报》上有一则印度咖喱粉广告，这是咖喱首次出现在人们的视野中，当时的印度人压根不知道有咖喱粉这种东西。它是从何而来呢？前面已经讲过了，咖喱其实就是英国商人自创的一个名字。

在印度，复合型香料粉其实有一个专属的名称叫"马萨拉"，像我们知道的"咖喱""咖喱粉"都是商人为了营销需求，创造出来的新词汇。当时英国人卖的咖喱粉，是印度各地香料店里最常见的，也被当作基础综合香料之一的"葛拉姆马萨拉"，意思就是"辣味香料粉"。

英国人发明的"咖喱"用什么做的？无外乎香菜籽、小茴香、姜黄、胡椒、小豆蔻、辣椒粉还有少量其他香料。从另一个角度来讲，印度是没有叫做"咖喱"的调料的，"咖喱粉"听起来也是莫名其妙。

虽然印度人不吃咖喱，但是英国人却非常爱吃，随着英国商人的大

制作葛拉姆马萨拉的香料（包括白胡椒、黑胡椒、丁香、柴桂叶、肉豆蔻、肉豆蔻皮、黑孜然、孜然、肉桂、小豆蔻、香豆蔻、芫荽籽、茴香、辣椒粉等）

力推广，咖喱被带到了全世界。如今的咖喱更是遍布五大洲，人们也都跟着英国商人把这种印度香料粉叫作咖喱粉，用咖喱粉烹饪出来的食物就是咖喱菜。（参见《印度料理"咖喱"，为啥让印度人感到莫名其妙？》，https://baijiahao.baidu.com/s?id=1700549388477676398）

现如今，全世界都把咖喱粉做成的菜肴当作印度菜，弄得印度人已经没脾气了，他们懒得做解释。然而，中国人一向就有刨根问底的精神。他们不做解释，并不等于我们会就此作罢，我们有当年住在中天竺摩揭陀国那烂陀寺的玄奘可资效仿。如果没有玄奘，或者玄奘不去"西天取经"，1000多年后的印度或许不知道该如何重建自己的历史。

18 融合菜的典范

说起融合菜的地位，土耳其菜是绝佳例子。

在烹饪界，有"世界三大菜系"的说法，前两个不出意外，分别是中国菜和法国菜，但是第三个很多人可能想不到，那就是土耳其菜。为什么是土耳其菜，而不是知名度更高的意大利菜或者日本料理呢？其实，所谓的知名度高低的评判是有强烈文化立场的。这世界三大菜系的划分，除了菜系的系统性和影响力之外，还综合考虑了文化影响力这一重要因素。土耳其菜的历史文化影响力来自它糅合了罗马帝国、拜占庭帝国和奥斯曼帝国乃至古波斯帝国以及阿拉伯帝国的饮食文明！土耳其菜发源于中亚，发展于小亚细亚，既是阿拉伯饮食的代表，又是地中海烹饪的重要组成部分。土耳其与中东地区和地中海地区都有连接，这使得土耳其菜的花样结合了两地的特点。一方面，人们想要吃出食材的本味，所以对食物的质量要求很高，力图体现原汁原味。另一方面，受到中东饮食文化影响，香料在这里也很流行。将香料和食物完美混合，才能制作成极具土耳其特色的菜肴。土耳其菜因具有文化上的多元性而传播极广，所以在中亚、西亚和南亚地区，人们都能找到土耳其风味的菜式，或是被土耳其化的美食。

土耳其菜

目前，全球只有九座城市被联合国教科文组织授予"美食之都"称号，中国占有五席，分别是顺德、成都、扬州、淮安和澳门。众所周知，顺德是粤菜的代表，成都是川菜的代表，扬州、淮安是淮扬菜的代表，那么澳门是哪门哪派的代表呢？澳门凭什么成为世界美食之都呢？

临近广东，澳门人在饮食与生活习惯方面都与广东人有很多相似之处。但澳门融合了很多西方饮食的习惯。本地与西方饮食习惯的融会贯通，汇聚成了澳门独特的饮食。澳门在明朝嘉靖年间葡萄牙人就开始进入聚居，鸦片战争后又趁清朝政府战败之机侵占了它南面的氹仔岛和路环岛，直至1999年12月20日才回到祖国的怀抱。这长达400多年的岁月，使葡萄牙的饮食文化深深融合进了澳门人的日常饮食里。

葡萄牙菜本身就是融合菜。对外来文化的兼收并蓄，使得葡萄牙具有明显的多元文化色彩。在饮食上，希腊人给葡萄牙带来了橄榄，罗马人带来了大蒜，稻米及各种蔬菜、水果则要归功于阿拉伯人，土豆、番茄、红辣椒粉则来自美洲新大陆。在澳门被评为"美食之都"之前，联合国教科文组织首先确认了葡萄牙是地中海美食国度。葡萄牙美食有广受瞩目的五大特点：世界上最美味可口的鱼，卡塔普拉纳（cataplana，葡萄牙铜锅），波特酒（独一无二），葡式蛋挞（"天堂般甜蜜美味"），以及葡萄牙厨师（实现传统与创新和创造力的完美融合）。

而澳门菜融合的还不仅仅只有葡萄牙！

以澳门名菜非洲鸡为例来说明一下澳门菜善于"百搭"的品性。非洲鸡在澳门的地位可以说和葡国鸡并驾齐驱。据说，非洲鸡当初是由葡萄牙人从非洲的莫桑比克（也有人说是安哥拉）传入澳门的。这道菜中不仅有非洲香料，还有印度香料、东南亚香料等。在澳门，"非洲"不仅是一个地理名词，也是一个形容词。若一样东西它的颜色比较深，澳门人就会说，"好似非洲那样"。其实在非洲吃不到这种鸡，在葡萄牙也吃不到，只有在澳门，因为经过澳门本地人的精心改良，这道菜已经算是澳门的特色菜了，是一道土生葡菜。焗烤后的鸡肉鲜嫩多汁，可与面包或者米饭一起食用，甜中带辣，十分可口。如果澳门哪家餐厅没有这道非洲鸡的话，都不好意思自称葡国菜餐厅。（参见《在非洲吃不到的非洲鸡，只在澳门才能吃到的美味土生葡式菜肴》，https://baijiahao.baidu.com/s?id=16443462281299592 81）

菲律宾的融合菜系则和谐地结合了原住民和殖民母国的材料。西班牙从1572年起殖民菲律宾群岛，殖民过程缓慢而痛苦。西

澳门非洲鸡

班牙人当时对殖民主义已有若干了解，他们实行谨慎的传教政策，确保原住民文化的要素不受侵犯。至于宗教和食物，前者通过教会力求彻底改造，而后者通过相互"妥协"形成混合风貌。这是一种格外复杂的混合风貌：在殖民时代，华人移民虽然不时与其他社群产生冲突、造成危机，偶尔还有华人被屠杀、被驱逐或遭禁入，但华人当时确是菲律宾群岛重要的经济力量，中国风味对菲律宾菜的影响并不亚于西班牙。另外，尽管外来移民带来变化，菲律宾菜的马来根基却始终未动摇。通常用香蕉叶调味的松软白米饭，几乎构成每一道菲律宾菜的基础，一旁则附上面包，沿袭西班牙传统。有些菲律宾面包还加了椰子调味。一顿菲律宾餐食往往包含多种做法不同的椰子，椰油更是普遍的烹调用油。西班牙的影响主要体现在三大方面，第一，厨房用语，既有马来语的叫法，也有源自西语的称谓；第二，有些很受大众喜爱的菜品是略微改良过的西班牙菜，比如海鲜饭、西班牙式烤乳猪，以及用小山羊肉做的番茄炖羊肉；第三，菲律宾菜必以甜点作为一餐的最后一道菜，而这些甜点通通源自西班牙，包括名为 flan 的焦糖布丁，材料有蛋黄、糖和杏仁蛋糕。（参见〔英〕菲利普·费尔南多－阿梅斯托：《吃：食物如何改变我们人类和全球历史》第六章第二节《打破障碍：帝国效应》，中信出版集团2020年版）

焦糖布丁（〔西〕哈维尔·拉斯特拉斯摄，源自维基百科2.0）

19　边疆菜

边疆菜也是典型的融合菜，比如当今的"得墨"菜（Tex-Mex food）。"得墨"处于美国西南部心脏地带，"得"指的即"得克萨斯"，当年得自前西班牙殖民地墨西哥。就像列强扩张时期的其他白人帝国，美国的"天定命运论"是典型的帝国主义冒险事业。但帝国主义的黑暗力量总会转向，当年被美国征服的民族会以牙还牙、绝地反击。"西裔拉丁美洲人"重新殖民被占的土地，并扩散出去，在美国许多地方成为反殖民的大势力。同时，美国西南部的饮食被重新墨西哥化，标准的墨西哥食材逐渐成为美国西南乡土菜系的主要材料。辣椒、玉米和黑豆是此菜系的标志，酸橙赋予其风味，加上薄薄一层乳酪则使其特色鲜明。辣肉酱是得克萨斯州的州菜，煮时加了很多辣椒和孜然，其中孜然大概是受到西班牙菜的影响。这道菜的起源众说纷纭，可信度不一。有的声称率先烹制辣肉酱的是19世纪中叶的牛仔厨师，有的说来自街头小贩，有的则认为辣肉酱是擅长宣传促销的达拉斯餐厅创制的。辣肉酱不论源起何方，显然都使用了早在美国吞并得克萨斯以前即已在当地通行的食材，自此以后，这些食材逐渐征服了当地人的胃并在全美打开大众市场，形成墨西哥式快餐。得墨菜已超越其历史边疆，这或许是因为其中掺杂了殖民母国的滋味。墨西哥的菜式来源于西班牙，到了墨西哥后最显著的特色就是变辣了，所用的芝士却还是西班牙风格，比较温和。而得州的主要居民，早期都是从英国过来的移民，带来了著名的车打芝士，味道比较刺激。另外得州有很多养牛的牧场，得州的安格斯牛是很著名的肉牛。两种风格的饮食习惯混到一起，就形成了很有特色的得墨菜。当年农场里牛仔们每天吃的食物，现在遍布满大街的餐馆。（参见〔英〕菲利普·费尔南多－阿梅斯托：《吃：食物如何改变我们人类和全球历史》第六章第二节《打破障碍：帝国效应》，中信出版集团2020年版）

辣肉酱

欧洲大陆阿尔萨斯地区

见证了法德两大国几百年的主权角逐，简直承载了法德两国的恩怨情仇史。这一地区在 17 世纪前属于神圣罗马帝国，居民普遍说德语，传统建筑风格也是德系木屋风。后来该地区被割让给法国，路易十四时期法国才终于将斯特拉斯堡也纳入了法国版图。当地居民一直抵抗法国的统治和强加给他们的法语。然而历史弄人，普

阿尔萨斯小镇科尔马木屋（〔西〕豪尔赫·弗兰加尼洛摄，源自维基百科 2.0）

法战争中法国战败，阿尔萨斯和洛林地区又被割让给了德国。法语老师怀着非常沉痛的心情给孩子们上了最后一堂法语课，这就是中国人都很熟悉的都德的《最后一课》。法国一直记着这个仇，当第一次世界大战德国战败后，法国夺回了阿尔萨斯和洛林地区。然而第二次世界大战时期，德国又重新占领了这一地区。直到德国再次战败，这一地区才算尘埃落定，重新回归了法国。（参见《人在旅途之阿尔萨斯鲜花小镇》，https://www.bilibili.com/read/cv5892263）

也许说起阿尔萨斯大区美食，大家并不熟悉，但说起法国鹅肝酱、8 字形椒盐脆饼（Pretzel 或者 Bretzel）和蒙斯特尔乳酪（munster fromage）这些流行全世界的美食，则是人尽皆知的了。原来阿尔萨斯，正是它们的原产地。

因为地处法国和德国的交界，所以阿尔萨斯的传统菜肴，汇聚了日耳曼厨艺和法兰西美食的精髓。总的来说，阿尔萨斯特殊的地理位置和历史上的德法纷争，使得德法混血风扎根于此。传统的阿尔萨斯美食更是拥有德国的血缘——分量管够，无肉不欢；同时也具备显著的法国气质——用料考究，做工精良。如此形成了独具特色的阿尔萨斯美食。许多菜肴还加入了当地白葡萄酒调制的各式各样酱汁，因而更加美味而极富特色。

酸菜炖肉锅是阿尔萨斯最经典的菜肴，我们在任何一家阿尔萨斯小

酸菜炖肉锅

酒馆的菜单中都能找到它，如今流行于全法国。切如细丝的甘蓝菜，加入盐、杜松子、丁香、豆蔻等调料，送入专用的陶锅里腌制，之后将腌制好的酸菜配上火腿、香肠、培根、猪蹄等猪肉制品与当地白葡萄酒雷司令（Riesling）烹调而成。（参见《舌尖上的阿尔萨斯——看科尔马怎样 PK "中餐厅 2"》，https://www.sohu.com/a/246490061_729746）

　　边疆菜之所以兴起，并不单是由于国家的核心与外围地区之间出现迁徙交流，也可能是出于政治和经济目的，政府需要四处迁移人口。美国南部有一种卡真菜，"卡真"（Cajun）这个词源自"阿卡迪亚人"（Acadians），是说法语的加拿大居民在 18 世纪时遭到驱逐而来到美国。卡真是糅合了法系加拿大、西南美洲，乃至西班牙烹饪风格的独特传统风味。真正的卡真菜式的特点是：菜肴的香气是夹杂着好几种胡椒中的香味渗溢出来的。卡真菜式的厨师把这种混合胡椒的做法视为一门手艺。美国乡村歌手汉克·威廉姆斯（Hank Williams，1923—1953）在 1952 年的歌曲《什锦菜》（*Jambalaya*）中提及了三种卡真菜，即什锦菜、小龙虾馅饼和费里秋葵汤。图示为一碗配有虾仁、鸡肉、香肠的秋葵浓汤的盖浇饭，其主要成分有油面酱、秋葵、费里粉、肉类或贝类、芹菜、灯笼椒等。（参见维基百科）

秋葵浓汤盖浇饭（〔美〕马克·米勒摄，源自维基百科 3.0）

20 流亡者创建的饮食风貌

　　有些典型的食材随着黑奴漂洋过海来到美洲。在一些殖民地，黑奴分到一小块农田，种植供自己食用的食物。黑奴的农作物种类主要移植自非洲，包括山药、秋葵、芭蕉和西瓜等。有些食物的起源并不那么确定。比如，美国南部有一道传统黑人菜，是把羽衣甘蓝加上肥猪肉一起煮。羽衣甘蓝这种味道清淡的蔬菜并不是新大陆的原生植物，但是它传至美国的路径并无任何记录。美国南方菜系不可或缺的黑眼豆可能是随着黑奴一起引进美洲的，但是在供应黑奴劳力的非洲地区，却找不到食用这种豆子的明显证据。在黑奴的炖锅里，除羽衣甘蓝和黑眼豆外，还会加进白人嫌弃的杂碎猪肉，比方说脸肉、猪蹄和小肠。（参见〔英〕菲利普·费尔南多－阿梅斯托：《吃：食物如何改变我们人类和全球历史》第六章第二节《打破障碍：帝国效应》，中信出版集团 2020 年版）

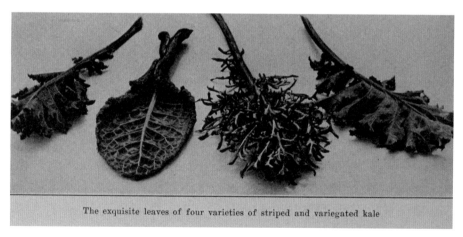

The exquisite leaves of four varieties of striped and variegated kale

四种羽衣甘蓝的精美叶子（图片来自〔美〕阿特玛·沃德 1923 年编著出版的《食物百科全书》）

　　一些侨民菜也是流亡者的饮食。古代中国政府从来就不鼓励人民移居到相邻国度以外的地区，因此传播至全球的并与当地食材进行融合的中国菜是侨民菜，是由自愿"经济流亡"的和平移民带至各地的。19 世纪欧美

《杂碎》（〔美〕爱德华·霍珀绘）

国家征雇中国苦力，把他们分散到各地作为廉价劳工。这种移民风潮制造出一些中西合璧的菜肴，其中最著名的是炒杂碎（chop suey），就是把竹笋、豆芽、荸荠等多种多样的蔬菜，加上猪肉片或鸡肉片炒成一盘，这道菜是由在美国率先开张的中餐馆发明的。对这道菜的评价，因个人喜恶和文化差异，而毁誉参半。从这幅由美国著名写实派画家爱德华·霍珀（Edward Hopper，1882—1967）1929年所绘的《杂碎》画上，中餐杂碎馆在美国的风靡程度可见一斑。

19世纪70年代掘金热潮逐步消退，失业率飙升，美国西部爆发激烈汹涌的反华浪潮。华人在受到切实生命财产威胁的情况下，不情愿地放弃曾能与白人相竞争的廉价劳动力岗位，大量投入经营者较少的餐饮业及洗衣业等为白人所鄙弃的"下等"行业。在这种背景下所诞生的"炒杂碎"一菜，作为一道最先被普遍接受并具备广泛社会影响力的美式中餐，其流变状况不仅反映背后复杂的社会状况及文化碰撞与融合，更能作为一个典型样本揭示出美籍华裔自身族群认同的构造进程。早期华裔移民所面临的美国西部社会环境复杂恶劣。一方面，未经开发的西部在骤然涌入大量人口后，其脆弱的行政与治安迅速崩溃，造成持续性社会混乱，针对社会话语权弱势的少数族裔抢劫、偷盗案件频发；另一方面，华人与主流白人冲突碰撞不断，地方政府由于竞选选票等原因顺随种族歧视的声音，对华人团体进行打压。各方均处于劣势的华裔群体需要内部凝聚来争取自身合法权益，而构建新群体文化即为提高社群认同度的关键手段之一。"炒杂碎"属于中餐的一种，是华人族裔的身份标志与文化象征，而将其诞生背景置于早期华人移民最重要的记忆片段——淘金热浪潮及铁路劳工背景下来重新构造传统，是培养美籍华裔情感共鸣的某种手段，也是塑造移民团体区别于其原生文化传统的最早尝试之一，但它所要求的仅为凝聚文化和抗拒打压排斥，仍如华人聚居华埠一般，处于同主流白人文化相敌视与隔绝的状态。

美籍华裔记者王清福1888年于《布鲁克林鹰报》上曾刊文驳斥美国白人主流文化对所谓华人"食鼠肉与猫肉"习惯的误解及歧视，其中提及炒杂碎时有如下一段表述："里面的主要食材有猪肉、腌肉、鸡肉、蘑菇、竹笋、洋葱和胡椒等。这几样应该是不变的主料，至于鸭肉、牛肉、萝卜干、豆豉、切片山药、豌豆和菜豆等原材料，加或不加则视情况而定"。20世纪早期《奥尔顿晚报》所记载彻底改良的"炒杂碎"菜谱，则包括"通心粉或意大利面、黄油、碎牛肉、西红柿、洋葱"。则此种"炒杂碎"在脱离中餐馆进入美国妇女厨房后仅保留杂碎的混合手法与名称，内容和味道完全西方化，成为一道地道的美国菜肴。炒杂碎能从各式中餐中脱颖而出并风靡美国绝非偶然，因为在美国"大熔炉"民族文化下，最核心特征仍是"盎格鲁–撒克逊认同"。炒杂碎理念与菜品被移民输入虽然改变了美国白人社会饮食习惯，但炒杂碎的改造与调整显然是餐饮业华人为顺应顾客口味主动做出了让步。美国主流白人群体的主导及支配地位在"炒杂碎"一道菜品中得到淋漓尽致的展现。而塑造自身社群文化认同时，美籍华裔为谋在新社会环境下顺利营生，也大幅度将传统中国文化印记褪淡并剥离。（参见《李鸿章酷嗜炒杂碎？——由一道菜窥探19—20世纪中期美籍华裔族群认同》，https://kknews.cc/news/nll42m2.html）

炒杂碎作为美式中餐第一菜，有一"正规名称"叫做李鸿章炒杂碎。那么炒杂碎这道美式中餐第一菜又是怎么和满清政府的这位要员发生关联的呢？

1896年，李鸿章访美，先到纽约，后往华盛顿、费城，再折返纽约，然后西行加拿大温哥华，取道日本横滨回国，既未去旧金山，也没去芝加哥，即便在纽约，也并没有吃过杂碎。有人编排说，李鸿章一次宴请美国客人，出现了食材不够的情形，于是罄其所有，拉拉杂杂地做了一道大菜，却意外受到欢迎，于是引出了"李鸿章杂碎"之名。可据考证，当时《纽约时报》每天以一至二版的篇幅报道李氏的言论和活动，巨细无遗，却只字不及杂碎，显系华人好事者、主要是中餐馆从业人员的凭空编排。而其编

LI HUNG CHANG VISITS HOGAN'S ALLEY.

美国漫画家理查德·奥特考特（R. F. Outcault,
1863—1928）所绘李鸿章抵达纽约场景，以
"李鸿章访问霍根小巷"为名刊于纽约《世界报》

排的动机在于，利用李鸿章访美大做文章，试图向美国公众推销中国菜。遥远的东方来了一个李鸿章，锦衣玉食的他当然不屑于一尝杂碎，但无疑为草根的杂碎做了极佳的代言，使其一夜间"高大上"起来。于是，美国媒体鼓吹："尝过'杂碎'魔幻味道的美国人，会立即忘掉华人的是非；突然之间，一种不可抗拒的诱惑猛然高升，磁铁般将其步伐一次次引向遍布街头的杂碎馆。"受媒体关于李鸿章访美报道的蛊惑，成千上万的纽约人涌向唐人街，一尝杂碎的味道。

为了迎合美国人的需要，1903年，纽约一个取了美国名字的中国人查理·波士顿，把自己唐人街的杂碎馆迁到第三大道，生意火爆，引起纷纷效仿。几个月之内，在第45大街和第14大街，从百老汇至第八大道之间出现了一百多家杂碎馆。这些唐人街之外的杂碎馆，大多是"七彩的灯笼照耀着，用丝、竹制品装饰，从东方人的角度看非常奢华"，以与其他美国高级餐馆竞争，并自称"吸引了全城最高级的顾客群"。

杂碎美国化最大的证据，是其成为美国军队的日常菜。1942年版的《美国军队烹饪食谱》说，美军杂碎所用调料系番茄酱和伍斯特郡辣酱油，并称最好这一口的是艾森豪威尔。另据《纽约时报》1953年8月2日的报道，艾森豪威尔当选总统后，依然不时为家人预订他的最爱——鸡肉杂碎。在此时的美国人眼里，炒杂碎的确不再是中国菜，而是美国人的家常菜了。

（参见《民国海外食事》，http://www.chinaql.org/n1/2018/0802/c420286-
30203747.html）

　　带着菜肴移居其他国家的还有政治难民。比如中国早年间的俄餐，大
多与白俄贵族有关。十月革命的一声炮响，带来了共产主义，也带来了俄
罗斯难民。据统计，在 1917 到 1920 年间离开俄国的白俄移民人数估计在
90 万到 200 万之间，其主要成员为士兵和军官、哥萨克、知识分子、商人、
地主以及沙皇俄国政府的官员和俄罗斯内战期间各种反布尔什维克政府的
官员。这些人大多数前往土耳其以及东欧的斯拉夫国家，另外一大批人则
移居芬兰、波斯、德国和法国，还有一部分辗转来到了中国。

　　在中国，这些没有国籍的俄罗斯人聚集在上海、天津、哈尔滨等城市。
许多俄罗斯人在中国讨生活，有的从事与音乐相关的工作，有的从事与餐

饮相关的工作，也有
许多白俄女性操皮肉
生意，成为妓女。在
某种程度上，这些移
民改变了城市的气质。

　　比如在上海，逢
年过节家家都会做一
款"老上海沙拉"，其
酱汁用的不是常规的
沙拉酱，而是蛋黄酱。

1931 年的"上海小姐"——俄侨海伦·斯鲁兹卡娅

做法很简单，将土豆和青豆煮熟晾凉后，与切丁的方腿肉加入蛋黄酱搅拌
均匀即可，如果讲究一点可以放到冰箱里冷一下，口感更佳。这款沙拉其
实是白俄贵族带到上海的。当年在霞飞路（今淮海中路）一带，有许多家
俄式餐厅，这些俄式餐厅的味道融入上海，而成为"海派西餐"的一部分。
除了老上海沙拉，还有罗宋汤。罗宋汤几乎是在中国最流行的一款俄餐。
"罗宋"是以前上海人对 Russian（俄国人）的音译。传统俄式的罗宋汤发源
于乌克兰，大多以甜菜头为主料，加上胡萝卜、土豆、牛肉、奶油一起熬
煮，呈红色，味酸甜，浓重。而经过改良的海派罗宋汤，却有了各种各样

的变形，"餐馆派"罗宋汤的代表是德大西菜社。"饭摊帮"清寡，加了番茄，去除了奶油，有酸爽的滋味，飘着几丝火腿肠以替代较昂贵的牛肉，更其名为"乡下浓汤"。

乡下浓汤

后 记

2020年秋，笔者在中华职业学校（以下简称"中华职校"）主讲《西餐烹饪文化》课程，授课对象是西餐烹饪专业的学生。当时，中华职校正在探索"现代学徒制教育模式"，笔者也应邀深度参与其中，主持策划该项目中的"企业课程"和"校企课程"设计，并在短短两年时间内分别安排了各自的五门课程，包括"企业课程"中的"意大利菜""法国菜""西班牙菜""美国菜""中西融合菜"，以及"校企课程"中的"西餐烹饪文化""西餐调味料的应用""谷薯类产品在西式菜肴中的应用""乳制品在西式菜肴中的应用"和"潮流西点"。

两年多的教育设计和教学实践过程，正处于新冠疫情防控等各种不利环境因素之中，对教育机构和教学效果的影响尤其显著，但在中华职校师生的共同努力和坚韧应对下，该试点项目仍然取得了相当不错的成绩，共完成了七门课程的教学。而笔者在这个过程中感悟颇多，收获颇多，想借出版这本书的机会，与读者诸君分享自己的心路历程。

还记得，在项目总体策划之初，中华职校几位校领导就一再强调，现代学徒制试点项目的培训方向，是培养具有人文素养的知识型、发展型技能人才，核心是"立德树人"，这与大家通常所理解的职校烹饪专业学生主要面向各级各类西餐厅、酒店、宾馆等一线厨师岗位就职，似乎有较大差别。笔者非常认同这种职业教育理念，也因此才应邀积极参与其中。

在经过一番研究之后，笔者进一步认为，现代学徒制与传统学徒制的最大不同，在于前者既要体现师徒相授，凸显"手把手"教学以实现教育外在价值，又要兼顾高等脑力开发，实现教育的内在价值。而高等脑力开发的重中之重，似乎非"西餐烹饪文化"课程莫属，堪称整个西餐烹饪专业现代学徒制试点的"总筋"。

然而"西餐烹饪文化"以人文为主的内容，不仅从未出现在国内职业学校的教材中，也从未见诸国内高校"西餐概论"一类的教材中。笔者曾经尝试为学校邀请本市一些有食品专业的大学教授来讲这门课程，但均遭到婉拒。几位食品专业的教授说法几乎是一致的："我们食品专业属于理工科，而你们这个"西餐烹饪文化"属于人文，所以没法教。估计职校的烹饪专职教师也没法教，因为他们是技能型的，懂点科技还有可能，但熟悉人文就不要想了。也许你王老师只能尝试自己教，谁让你设计这么'促狭'的课程？"

确实很难。临近开学前一周，尚未落实"西餐烹饪文化"的完整授课内容。万般无奈之下，自己准备了十几页图文资料，可以应付四五节课的样子，准备"摸着石头过河"。但教学方案必须报告给学校的项目负责人奚小英老师，经她审核认可后才能具体付诸实施。笔者当时潜意识中，是觉得会被奚老师打回票的，尤其是因为这十几页图文资料中出现了看似与西餐烹饪不相干的三个人物形象，恺撒、苏格拉底和路易十四，他们都不是烹饪师，似乎营造出了"文不对题"的感觉。不过，奚老师看后却认为很好，就想让这批中职学生多锻炼思辨的能力。并且，还专门安排中点专业的蒋玮老师来当我的助教。

奚小英老师的这个安排，真是太给力了，所谓细节决定成败，或许说的就是蒋玮老师。她不是真正的助教，而是我的搭档，我们共同协作，探索"西餐烹饪文化"课程的教育设计和教学实践。

这门课程的授课时间是每周一早上第一、二节课。自第一次上课之后，每次上课内容都是蒋老师和我利用一周时间共同策划与实施的，由我将所策划之内容形成提纲性讲义，由蒋老师配图制作PPT，有时她还要配乐甚至配视频。如果没有蒋老师的参与，笔者很难设想这门课能够有始有终地上到学期末，并在日后依据教案内容编撰出这本《东西之味》。

回忆我们的教学过程，一开始进行得并不顺利。班里有位同学对我这门"有西餐之名却无西餐之实"的课程表示极大的不满，并将这种不满传递给其他班级的教师和学校外聘的烹饪师，说笔者把他们错当成大学生了，他们到这里来是来学西餐烹饪技能而不是来学文化的。这位同学还说，据他观察，每次西餐烹饪文化课堂上认真听讲的学生不会多于5人。他说这番话时，是在一次烹饪比赛的活动现场，他一手拿着厨刀，一手伸出五根手指头表达了这层意思。

这位同学对"西餐烹饪文化"课程的意见和直白的表达，不仅给我和蒋玮老师留下了深刻的印象，更让我们深刻反省一个问题，烹饪专业的职校学生，需不需要"文化"。这决不仅仅是中华职校一个西餐烹饪专业的事情，所有的职校的所有专业，乃至于高等院校中的各种专业尤其是理工科专业，或许都面临着同样的问题：我们是来学一技之长以适应用人单位招聘需要而来受教育的，"文化"课对我们究竟有什么价值呢？

刚才还提到，这位同学在表达意见时，正在参加一场烹饪比赛活动，如果能在这次比赛活动中获得一张获奖证书，可能对其以后的就业较有帮助，所以同学们非常热衷于参加这类活动，尽管他们进入职校学习烹饪只有很短时间。

无论如何，这位同学其实给我们两位老师、给学校、甚至给全社会都提出一个好问题："文化"课程究竟有什么用？可以说，我们接下来的教学，都是围绕这个问题、针对这个问题探索自己的答案。

第一步，为了更真实了解同学们的接受度，蒋老师主持了整个班级对"西餐烹饪文化"课程的无记名投票，给出很感兴趣、较感兴趣、不太感兴趣和不感兴趣四个选项，供同学们选择。班上共有19名学生，投票结果是很感兴趣5人、较感兴趣9人、不太感兴趣2人、不感兴趣3人。针对不太感兴趣和不感兴趣的同学，蒋老师建议有必要进一步了解同学的真实想法，究竟是因为听不懂，还是觉得没有用。

于是，我们又设计了一份人文素养的调查试卷，其中有一道单选题的题干为"圣诞节（Christmas）是庆祝 ＿＿＿＿ 降生的节日？"，给出的四个选项为：（1）苏格拉底（2）释迦牟尼（3）孔子（4）耶稣。令人大跌眼镜的是，班里选择（2）的学生最多，达35%以上；选择正确答案（4）耶稣的学生仅有 2 位，还不能排斥他们尚有赌运气随机选的可能。总之，这些同学的基本人文素养确实让人揪心，问题是，对这群同学继续开设"西餐烹饪文化"课程还有意义吗？

见我露出失望的情绪，班主任朱莉老师给了我极大的勉励，说我和蒋老师能让他们安安静静坐着听讲就已经算取得了极大的成功，让学生们在文化课堂中抬起头来是第一步。得益于朱莉老师和学校其他相关老师的鼓励，我们没有放弃，而是尝试改变了自己的讲课方式。

蒋老师在讲义的 PPT 中加入了很多音视频内容。笔者因为以前很喜欢苏州评弹，偷师于说书先生的"外插花"说书技巧，将社会中我们身边真实发生的事情信手拈来，与课程主题内容相互关联，用以解读课程核心内容。而这些"外插花"话题，大多是笔者每周一早上从寓所赶往学校的路途中想出来的，都和笔者的真实生活经验有关，不仅用起来毫无障碍，而且可以和同学们愉快地交流，并且成为今日这本《东西之味》中可读性最强的部分。

而且，在 2020 年国庆之后，"西餐烹饪文化"的授课便进入了师生互动的模式。有了学生的配合，课程自然变得精彩起来。兹举三例：

【例 1】一次在向同学们解释"家乡口味的非家乡"之时，笔者灵机一动，发现班上有一位持东北口音的女生，便询问她是否哈尔滨人，在得到肯定的回答之后，笔者便顺势请她介绍家乡美食。果不出所料，答案是红肠、大列巴和格瓦斯。笔者进一步问她是否知道这几样东西的原产地是俄罗斯，这位女生很自豪地回答说知道，但却不知道俄罗斯的食品为何会成为哈尔滨人的家乡口味。

于是，笔者给同学们简要回顾了哈尔滨设治百年的历史，从辛丑条约讲到庚子赔款，从八国联军讲到义和团运动，讲完后复请这位同学再次评价她的家乡美食。

令笔者颇感诧异的是，她的眼睛竟隐隐闪现泪光，以沉默作为回答，场面有点尴尬。好在下课铃声及时地响起，缓解了课堂氛围的尴尬。

无论如何，这个例子告诉我们，这堂课让同学们不仅知道了哈尔滨有好吃的红肠，以及红肠的制作流程，还知道了红肠的来龙去脉，包括那位同学家乡的历史曲折，掀起她个人的情感波澜，这就是文化课的直接作用吧。

【例2】有一节课是给同学们讲"融合菜"，其中一项内容是介绍毁誉参半的"美式中国名菜——炒杂碎"。笔者当时的介绍以"毁"为主，指出这是一道特殊历史背景下有损中国人脸面的"劳工菜"，因此在"炒杂碎"前特别加了"李鸿章"三个字。

蒋老师为这课内容配上了一位美国历史学家的评价视频，还有一位广东厨师小哥的炒制视频。两段视频播放完毕后，班上的戴姓学习委员气愤地站了起来说："老师，这都是过去的事情了，中国现在不比以前，这样的事情不会再发生了！……"

戴同学的课堂反应让我和蒋老师感觉意外，没想到一道菜的背景故事能够激发出同学们的爱国情怀。如此看来，"西餐烹饪文化"课程，在提升职校生人文素养的同时，也可以作为接受爱国主义教育的教育媒介。经交流，上海市教委教研室专家团队中的各位专家均表示认可，甚至建议尽快推荐到教研室对应的中心组去，让更多学烹饪的学校借鉴。

【例3】2021年期末考试，笔者出了一道不属于讲课内容的多选题，题目为"＿＿＿＿＿＿ 是西欧近代三大思想解放运动之一"。给出的四个选项为：（1）启蒙运动（2）宗教改革（3）文艺复兴（4）大航海。班上几乎所有同学都选择了正确的（1）（2）（3），仅有一位同学错选了（4）。

考卷分析课，是笔者在中华职业学校上的最后一课。那位选错题的同学遭到了周围同学的一致数落："你怎么这么笨的，这种送分题也能选错？思想解放运动当然要有思想的，和'大航海'挨得上吗？"听到同学们的议论，笔者甚感欣慰，因为看到同学们已经具备一定的逻辑分析能力了，而且是以人文素养为基础的逻辑分析，这比会多做一道菜更让我们开心啊。

在课程结束后的一年多时间内，作为现代学徒制项目或其他项目的策划人，笔者要经常去学校关心多门"企业课程"和"校企课程"的进行，每每会遇上这个班级的同学。令笔者倍感欣慰的是，很多同学待我如亲人般温暖，看到我后会迅速围拢到我周围，让我替他们解决学习和生活上的种种困惑。那位戴同学每次见了我，都要求抱抱。所有这些让我想起法国新闻界在 1970 年代对博古斯的评价："是他让厨师从后厨里走了出来，变成一种叫做'名厨'的公共人物。这些'名厨'不仅为公众呈现顶级菜肴，而且充满个性魅力，不再是灶台边忙前忙后的厨子，而是把烹饪变成艺术的大师。"在完成"西餐烹饪文化"教学后的两年半中，我始终都在想着我还能为他们做些什么。我不是专职教师，他们 19 个人可能是我这辈子真正有过师生名分的全部学生。

在 2021 年 6 月试点班第一学年结束后的家长会上，本人曾直言不讳地对家长们和学生们说："（在国内）对大多数青年厨师而言，烹饪学在我国的现状还不是很乐观，虽然'现代学徒制'这类项目的实施让中国的烹饪业出现了改变的苗头，但罗马城不是一天造成的。你们要为自己的前途做好规划。"

时间来到 2022 年秋，现代学徒制试点班那些稚气未脱的学生结束在学校的学习开始去用工单位实习，从此开启他们或她们的就职生涯。就职是肯定的，厨师职业却属凤毛麟角。倒不是说上海的厨师职业有多高档，令大家趋之若鹜，而是这一职业几乎不需要烹饪专业的职校学生。因为国内的职校学生要训练成如技能大师、首席技师这般的高级厨师需要十几年甚至几十年的时间，不像 CIA（美国烹饪学院）的毕业生都持硕士文凭，即便是白宫的餐厅，也能轻松加入。国内的星级酒店、知名餐厅等或者需要高级厨师，或者需要只掌握简单技能的普通员工。

在本著成书之际，试点班班主任朱莉老师传来喜讯，言道："20 西烹 2 班共 19 人，其中 14 人升入高一级学校学习，5 人直接工作上岗。14 人中有两位同学考进上海师范大学旅游专科学院（烹饪专业）。这是现代学徒制取得的巨大成功。"听到这样的喜讯，笔者不知道是不是也该庆祝。中职生普遍升学的现状，其实让"现代学徒制"的实现难以真正落地。

笔者在"西餐烹饪文化"课程中所阐述的一个核心观点，既国人口中"西餐"的"西"徒有其名而已，实质上并非完全自西方文化中滋养出来的。被称为"西餐之母"的意大利菜肇始于文艺复兴时期，是由 12 世纪阿拉伯的烹饪食谱二次开发所得，这一时期的人文主义思想对来自任何文化的饮食影响均持开放态度。另外，被誉为"法国美食帝国主义"倡导者的保罗·博古斯，其新饮食主义的理念几乎全部来自东方的日式料理。

十分感谢本书责任编辑唐少波老师给本书重起的书名——"东西之味"。《东西之味》一方面与笔者此前出版的另一本烹饪文化图书《嘉定之味》相呼应，另一方面封住了那些持"新冷战"思维的教条主义者的汹汹之口。要知道，西餐并不完全对应西方文化，而中餐也包含融合多民族文化。比如中国烹饪古籍《饮膳正要》不仅一度被视为中餐的主流，而且开世界饮食营养学之先河。作者是元宫廷饮膳太医忽思慧，该著仅《聚珍异馔》一章就收录了蒙古族、回族等民族及印度等国菜点 94 种，比较全面地反映了元代中国在饮食消费面对世界各族人民饮食海纳百川、兼收并蓄的特点。

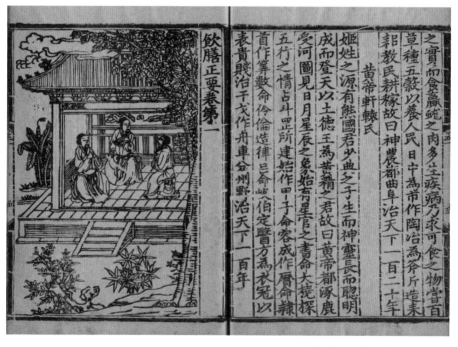

《饮膳正要》明内府刊本书影

虽然"西餐"作为一个笼统的概念一定会在我国逐渐趋于淡化，但西方餐饮文化作为一个整体概念还将继续存在。作为国内烹饪职业教育的从业者，似乎只能沿着西方诸国的文明发展沿革，来讨论基于"跨文化交际"的世界各种菜式的形成与烹饪工艺的发展，从而让我们的学生真正理解世界各地饮食文明的共性与个性。

作者于 2023 年 6 月

主要参考文献

[1] 菲利普·费尔南多-阿梅斯托.吃:食物如何改变我们人类和全球历史[M].韩良忆,译.北京:中信出版集团,2020年版.

[2] 马文·哈里斯.好吃:食物与文化之谜[M].叶舒宪,户晓辉,译.济南:山东画报出版社,2001年版.

[3] 何宏.中外饮食文化(第二版)[M].北京:北京大学出版社,2016年版.

[4] 杰米·奥利弗.来吃意大利[M].万可,译.北京:中信出版社,2016年版.

[5] 亚里士多德.修辞学[M].罗念生,译.上海:上海人民出版社,2006年版.

[6] 柏拉图.理想国[M].郭斌和,张竹明,译.北京:商务印书馆,2020年版.

[7] 尼尔·弗格森.文明[M].曾贤明,唐颖华,译.北京:中信出版社,2012年版.